青岛科技大学学术著作出版基金资助出版

基于生态文明的我国城市森林多主体协同治理问题研究

聂法良 著

科学出版社

北 京

内 容 简 介

本书以我国大力推进生态文明建设为宏观背景，以城市社会生态转型为中观背景，以城市森林治理为研究对象，以多主体协同为研究视角，在借鉴国内外城市森林多主体协同治理研究成果的基础上，运用城市生态文明理论、公共物品理论、利益相关者博弈理论、系统协同理论等，从我国城市森林发展实际出发，对我国城市森林多主体协同治理进行理论研究、实证分析并提出对策。

本书可供一切致力于城市森林协同治理研究与实践的城市政府、林业企业、民间组织有关人员和城市市民参考和借鉴。

图书在版编目(CIP)数据

基于生态文明的我国城市森林多主体协同治理问题研究/聂法良著. —北京：科学出版社，2016.12

ISBN 978-7-03-050352-7

Ⅰ. ①基… Ⅱ. ①聂… Ⅲ. ①城市林–影响–城市环境–研究 Ⅳ. ①S731.2 ②X21

中国版本图书馆 CIP 数据核字（2016）第 259348 号

责任编辑：李 敏 李晓娟 / 责任校对：彭 涛
责任印制：张 伟 / 封面设计：铭轩堂

科学出版社 出版
北京东黄城根北街 16 号
邮政编码：100717
http://www.sciencep.com

北京京华虎彩印刷有限公司 印刷
科学出版社发行 各地新华书店经销

*

2016 年 12 月第 一 版 开本：720×1000 B5
2016 年 12 月第一次印刷 印张：10 1/2
字数：210 000

定价：80.00 元
（如有印装质量问题，我社负责调换）

序

顺应人民群众对美好生活环境的期待，我国政府提出了"把生态文明建设放在突出地位，融入经济建设、政治建设、文化建设、社会建设各方面和全过程，努力建设美丽中国，实现中华民族永续发展"的战略决策。城市森林作为大规模人口集聚地的绿色基础设施，因其具有净化空气、涵养水源、保持水土、减少噪音、美化环境等巨大生态效益，已成为改善我国城市生态问题的重要途径和城市生态文明的核心所在，在城市可持续发展中发挥着极其重要的作用。因此，截至2014年，在中国有75个城市被命名国家森林城市之后，全国25个省（自治区、直辖市）的130多个城市开展了国家森林城市创建活动，15个省（自治区）启动了省级森林城市（城镇）创建，形成全国上下联动的森林城市建设格局，城市森林建设进入新一轮快速发展时期。在这个过程中，传统的治理主体缺位、治理信息不对称、治理模式单一、治理机制不全、治理绩效低下的治理系统已经不能满足和适应当下城市森林快速建设发展的需要；同时，在城市森林治理过程中，单纯或者割裂地发挥城市政府、城市林业企业、民间组织、市民的主体作用都存在治理"失灵"现象。因此，城市森林多主体协同治理问题，已经成为当前生态文明建设亟待解决的问题。

该书是作者在其博士论文《我国城市森林多主体协同治理问题研究》的基础上整理而成的。该书从我国城市森林的特点出发，以多主体协同治理为切入点，以城市生态文明、公共物品、利益相关者博弈、系统协同与评价等理论作为分析工具，对我国城市森林多主体协同治理问题进行了研究。

纵览全书，该书的主要脉络如下：

第一，对我国城市森林多主体协同治理系统内涵与系统要素进行了研究，构建了由治理主体、治理客体、治理动力、治理模式、治理机制、治理信息平台等组成的我国城市森林多主体协同治理系统，并对系统要素功能与特征进行了分析。

第二，对我国城市森林多主体协同治理系统动力进行了分析，揭示了城市森林治理过程中存在的推动系统进化的协同力与阻碍系统演进的摩擦力，从治理环境、治理目标与治理主体的利益层面分析了协同力与摩擦力对城市森林治理系统作用与反作用，并对系统的合力与治理系统的协同发展以及与各治理主体的协同发展的作用机理进行了解析。

第三，对我国城市森林多主体协同治理系统协同效应进行了测度。从治理主体参与度、治理客体发展度、治理模式适用度、治理机制完善度、治理信息共享度、治理目标导向度与治理环境促进度等维度构建了城市森林治理系统协同度评价指标体系，以青岛城市森林治理数据为例，通过各个子系统有序度的分析，进而运用协同度模型，对青岛市城市森林治理的系统协同度进行了测度。实证研究表明：青岛城市森林协同治理系统协同度呈直线上升态势，经历了从不协同形态到弱协同形态到一般协同形态的发展过程，距高效协同形态还有一定的距离，同时还辨识出了对青岛城市森林治理系统协同效应贡献的优势因子与"短板"要素。为后续研究提供了实证支撑。

第四，对我国城市森林多主体协同治理模式进行了构建与选择。根据目标和利益核心要素的不同组合，构建出政府主导型、沟通型、公私协同型和战略协同型4种城市森林协同治理模式，并结合国内外城市森林治理实践的经验，对不同协同模式的内涵与特点及其选择进行了分析与阐述，还提出城市森林协同治理模式要随着经济社会发展条件的变化动态选择的观点，为我国城市森林治理模式的选择提供可操作性的借鉴。

第五，构建了我国城市森林多主体协同治理的机制。在对治理机制对城市森林治理实现协同保证意义论述的基础上，从运行机制与保障机制两方面，阐述了强化城市森林治理系统的协同力与遏制摩擦力的城市森林协同治理机制。其运行机制包括责任分担机制、有序参与机制及评价激励机制；保障机制包括制度赋权机制、利益均衡机制、诉求表达机制及矛盾调处机制。

第六，从集成的视角对我国城市森林多主体协同治理信息平台建设进行了论述。信息的交互与传递是实现城市森林多主体协同治理的平台保障，互联网+时代为城市森林协同治理信息平台建设提供了良好条件与建设机遇。本研究在对信息平台功能需求分析的基础上，对信息平台的总体架构进行了构建，包括设施层、数据层、支撑层、应用层和主体层5个方面，并相应地提出了4项保障措施。

该书的主要观点如下。

1) 我国城市森林多主体协同治理体系是一个相互作用与相互联系的系统，该系统由治理主体、治理客体、治理动力、治理模式、治理机制、治理信息平台等要素系统构成。该系统的运行原理是在治理动力的驱使下，与治理客体——城市森林密切相连的各治理主体进行协同进化，并在治理模式、治理机制、治理信息平台各要素的协调互动中产生协同效应，促进我国城市森林的可持续发展，提高城市生态文明水平。城市森林多主体协同治理系统各要素是相互影响和制约的，每一系统要素能否发挥正常功能都会对其他要素功能的发挥产生影响。

2) 实现我国城市森林多主体协同治理需要推动协同演化的力量。力量中协同力与摩擦力共存。基于治理环境、治理目标、治理利益核心力量要素的协同力与摩擦力分析，可见当前城市森林多主体协同系统中总协同力大于总摩擦力，总力量 $P > 0$，将促进城市森林治理主体间、治理系统向协同有序演化。

3) 城市森林多主体协同治理协同度是表征治理系统协同效应的核心要素，协同度决定着协同效应。通过建立各子系统有序度测度模型和系统协同度测度模型，以及经科学筛选后由治理主体参与度、治理客体发展度、治理模式适用度、治理机制完善度、治理信息共享度、治理目标导向度、治理环境促进度 7 维度构成的指标体系，以 2009～2013 年青岛城市森林治理为例进行实证研究表明：青岛城市森林协同治理系统协同度自 2010 年开始呈直线上升态势，2010～2011 年处于不协同形态，2012 年处于弱协同形态，2013 年仅处于一般协同形态，这与实际情况相符，表明了建立的模型和指标体系的科学性，也为提高城市森林多主体协同治理系统协同度提供了需要扬长避短的方面。

4) 我国城市森林多主体协同治理要向更高协同形态发展，实现协同效应，还需加强治理模式、治理机制、信息集成平台建设。需要与经济社会发展水平、治理主体能力、城市森林多主体协同治理系统协同形态等相适应选择适宜的协同治理模式，并适时进行模式转换；需要加强包括责任分担机制、有序参与机制及评价激励机制促进运行层面的机制和包括制度赋权机制、利益均衡机制、诉求表达机制、矛盾调处机制保障层面机制建设；需要建设包括设施层、数据层、支撑层、应用层、主体层 5 个层面的集成信息平台。

总之，与自然环境中其他部分不同，城市森林的存在和维护只能通过人工干预，从城市森林的协同治理目前整体上看，中国还处于发展的初级阶段。当前在大力推进生态文明建设宏观背景下，如何在城市社会转型中观条件下充分利用与城市森林利益相关的城市政府、城市林业企业、城市民间组织和市民的力量，保持城市森林的存量，发展城市森林的增量，做好城市森林的治理，是摆在我们面前的一个重要命题，也必将随着社会的发展而发展。因此，这也是一个常做常新的课题，它必将吸引更多的研究者和实践者对其予以关注。

2016 年 6 月 16 日

（作者为东北林业大学和青岛科技大学经济与管理学院教授、博士生导师）

目　　录

第1章　绪论 ·· 1
 1.1　研究的目的与意义 ·· 1
 1.2　国内外相关研究综述 ·· 6
 1.3　研究的主要内容和结构 ·· 23
 1.4　研究方法和技术路线 ·· 26
 1.5　研究的创新点 ·· 27

第2章　我国城市森林多主体协同治理现实诉求研究 ··············· 29
 2.1　我国城市森林治理历史进程 ······································ 29
 2.2　我国城市森林的发展现状 ·· 32
 2.3　我国城市森林多主体协同治理的现实诉求 ··················· 34
 2.4　多主体协同治理现实诉求与治理冲突 ·························· 45

第3章　我国城市森林多主体协同治理基础理论研究 ··············· 47
 3.1　相关基础理论研究 ·· 47
 3.2　相关概念界定 ·· 57

第4章　我国城市森林多主体协同治理模型构建及系统分析 ······ 62
 4.1　我国城市森林多主体协同治理模型构建 ······················· 62
 4.2　我国城市森林多主体协同治理系统分析 ······················· 66

第5章　我国城市森林多主体协同治理系统动力分析 ··············· 71
 5.1　系统受力分析 ·· 71
 5.2　系统核心力量要素分析 ··· 72
 5.3　系统总力量与协同发展 ··· 88

第6章　我国城市森林多主体协同治理系统协同效应测度 ········· 92
 6.1　协同治理系统协同效应与协同度分析 ·························· 92
 6.2　系统协同度测度模型 ··· 97

6.3 系统协同度指标体系的构建 ………………………………………… 100
6.4 系统协同度实证分析 …………………………………………………… 111

第7章 我国城市森林多主体协同治理模式选择 …………………………… 124
7.1 协同治理模式分析 ……………………………………………………… 124
7.2 我国城市森林多主体协同治理模式选择 …………………………… 125
7.3 我国城市森林多主体协同治理模式转换 …………………………… 129

第8章 我国城市森林多主体协同治理机制构建 …………………………… 131
8.1 机制为协同提供保证 …………………………………………………… 131
8.2 我国城市森林协同治理机制的构建 ………………………………… 132
8.3 我国城市森林协同治理机制的运用与完善 ………………………… 138

第9章 我国城市森林多主体协同治理信息集成平台建设 ……………… 139
9.1 信息集成平台建设的可行因素 ……………………………………… 139
9.2 协同治理信息集成平台构建 ………………………………………… 141
9.3 信息集成平台建设的保障措施 ……………………………………… 144

参考文献 …………………………………………………………………………… 145

附录 …………………………………………………………………………………… 153

第1章 绪　　论

1.1　研究的目的与意义

1.1.1　研究的背景

1.1.1.1　我国生态文明建设大力推进

100多年来，人类"以工业化生产方式和人类中心主义价值观"为特征的工业文明，极大地促进了人类文明跨越式地向前发展。与此同时，对自然资源无节制的开发和利用，导致资源日趋枯竭、人类赖以生存的生态环境逐渐恶化。若从20世纪五六十年代全球环境危机全面爆发或者1962年蕾切尔·卡逊发表《寂静的春天》敲响生态警钟算起，世界生态文明之路已历经50多年。若从1972年中国政府派代表团赴瑞典参加第一次世界性的人类环境会议开启我国环境保护之路算起，中国生态文明之路也已走过了40多年历程。自十一届三中全会以来，通过十二大到十六大，中国先后确立了物质文明、精神文明、政治文明建设的执政理念。在三大文明协调发展的同时，全球性生态环境问题越来越严峻，我国的生态环境危机问题也越来越突出，人民群众对美好生活环境的期待越来越强烈，引起了党和政府的高度重视。十七大，中国首次把建设生态文明写入党的报告。党的十八大报告又首次把生态文明建设提升至与经济、政治、文化、社会四大建设并列的高度，列为建设中国特色社会主义的"五位一体"的总布局之一，成为全面建成小康社会任务的重要组成部分。要求通过生态文明的建设，努力建设美丽中国，实现中华民族的永续发展。在生态文明战略驱动下，各级地方党委、政府都把生态文明建设确定为当地经济社会发展的重大战略。2011年年底以来陆续召开的省、自治区、直辖市党代会上，天津、山东、上海等17个省（自治区、直辖市）明确提出了生态立省（自治区、直辖市）或建设生态省（自治区、直辖市）的发展战略。北京、内蒙古等5个省（自治区、直辖市）坚持走绿色发展、生态文明发展之路，明确提出要建设绿色省（自治区、直辖市）。我国生态文明建设正在大力推进中。

1.1.1.2 我国城市生态转型进程加快

当前，在生态文明建设影响下我国城市正处于社会急剧生态转型进程中，社会转型是当前我国城市的重要国情。经济效益中心论正向生态效益中心论转变，用生态财政来代替市场财政，用绿色 GDP 代替传统 GDP，用生态经济来代替市场经济；城市正向以工业和服务业为主的现代城市社会转变，同时还正在进一步向以知识为基础的知识社会转变，城市信息高度网络化；从政府主导的一元垄断社会治理向政府、企业和第三部门、社会公众相互补充、相互制约的多元共同社会治理转变（表 1-1）。这种转变要求城市在生态文明的建设中注重生态民主，就是在健康的政治共同体中，政府、企业与非政府组织、社会中介组织或者民间组织以及个人，以生态利益为最高诉求，通过多元参与、良性互动，在对话、沟通、协商、交流中，形成关于生态利益的共识，做出符合大多数人利益的合法的决策、建设与管理。否则将引起各种环境抗争，影响社会和谐稳定。在 2012 年诸如青岛城市种树增绿事件等群体性事件中环境维权事件占到 8.9%，环境维权作为群体性事件的诱因以前并不突出，但在 2012 年却成为十分突出的主题（陈锐，2012）。

表 1-1 自上而下管理与多主体协同治理流程的主要区别

类别	传统自上而下管理流程	多主体协同治理流程
参与主体	少数参与者，以城市政府人员为主	多数参与者，城市政府、城市林业企业、民间组织和城市市民参与
结构	封闭系统	开放系统
沟通	信息闭塞、沟通滞后	信息共享、沟通及时
决策	城市政府单向行动	多主体协商决定
执行	自上而下，正式性，缺乏积极性和创造性	往往是非正式性的，并为执行提供条件与激励，各主体优势得到充分发挥

1.1.1.3 我国城市森林建设热潮再兴

在生态文明的大力推进中，林业建设是生态文明的基础，城市森林建设是林业建设的重点。联合国在 2010 年指出，现在超过一半的人口居住在城市中，其中有超过 10% 的人生活在千万人口甚至更大的城市。预计到 2050 年居住在城市里的人口将接近世界人口的 75%（Roberts，2011）；麦肯锡公司预测，2025 年我国将有超过 66% 的人口生活在城市（那春风，2012）。按照林业以人为本、人与林业和谐共处、林业为人服务的理念，人们认为未来林业应在城市。城市森林作为城市绿色基础设施，在城市生态环境建设及城市可持续发展中发挥着极其重要的作用。现代城市发展趋势表明，城市基础设施建设不仅是传统意义上交通、住房等灰色空间的扩展，还应该包括以森林等为主体的绿色生态空间的建设，充分利用和发挥城市森林净化空气、涵养水源、调节气候、减少噪音、保持水土、美化环境、防灾减灾的特殊功能，是改善城市生态状况、促进人与自然和谐的重要途径。城市森林已经成为宜居城市文化的重要载体、城市生态文明的核心所在，标志着城市更高层次的文化品位与文明素养。把森林引入城市，通过建设以森林为主体，乔、灌、草结合的城市生态安全体系，努力建成森林城市，自然就成为城市生态和谐的目标所在。2004年起，全国绿化委员会、国家林业局每年命名几个森林建设成效明显、生态良好的城市为国家森林城市，在全国不同生态区域树立城市森林建设的典型，为进一步推广城市森林建设的先进理念发挥样板作用。截至2014年，中国已经有75个城市被命名为国家森林城市，国家森林城市的数量进入直线上升阶段（图1-1）。随着生态文明纳入中国建设的总体布局，越来越多的城市积极申报。通过百度新闻搜索统计，自党的十八大召开之后至2013年4月30日，57个城市正处于积极创建国家森林城市中（表1-2）；目前，全国25个省（自治区、直辖市）的130多个城市开展国家森林城市创建活动，15个省（自治区、直辖市）启动省级森林城市（城镇）创建，形成全国上下联动的森林城市建设格局（王旭东，2014）。城市森林的建设进入新一轮快速发展时期。

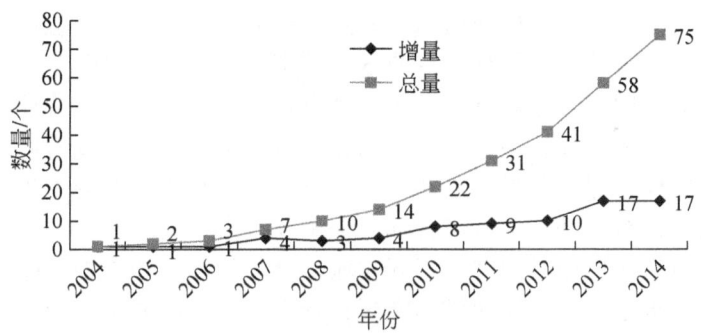

图1-1　我国"国家森林城市"发展数量统计

1.1.1.4　我国治理体系和治理能力现代化转变

自20世纪80年代开始，中国开启了改革开放的进程，从单方面的改革到2013年提出全面深化改革，以推进治理体系与治理能力现代化为改革目标，强调多主体的合作治理，强调发挥市场在资源配置中起决定性作用，强调放权于社会、让权于市场。其重要原因在于在计划经济体制的基础上推进社会主义市场经济体制的改革，这比没有经历过计划经济体制直接过渡到市场经济体制还难。在城市森林领域表现为政府办事效率低下，热衷于经济增长，对城市森林生态效益认识不足；热衷于扮演市场主体角色，行政手段运动式进行城市森林的建设，如

表 1-2 党的十八大后至 2013 年 4 月 30 日正在创建的"国家森林城市"统计

省（自治区）	浙江	四川	山东	江西	河南	安徽	福建	湖北	湖南	合计
个数	7	6	6	5	6	3	3	3	3	
城市名称	杭州 湖州 金华 临安 绍兴 温州 义乌	巴中 广安 泸州 绵阳 攀枝花 华蓥	临清 青岛 曲阜 枣庄 济南 淄博	赣州 九江 南昌 宜春 抚州	济源 焦作 平顶山 商丘 郑州 鹤壁	池州 合肥 安庆	龙岩 厦门 漳州	荆门 十堰 襄阳	郴州 永州 株洲	57
省（自治区）	云南	陕西	山西	辽宁	江苏	河北	青海	内蒙古	广东	
个数	2	2	2	2	2	2	1	1	1	
城市名称	昆明 普洱	西安 延安	晋城 太原	大连 兴城	南京 镇江	石家庄 张家口	西宁	鄂尔多斯	来宾	

不计成本后果的大树进城；热衷于审批以及能产生寻租机会、造成不平等的特殊补贴政策；热衷于干预城市森林市场，扭曲市场信号等。而不是着力创造公平的环境，促进城市林业企业、民间组织和社会公众的广泛参与，这直接降低了市场的应有效率，降低了获取更多社会资源进行城市森林建设的机会，不利于城市森林的可持续发展。因此，面对城市扩张，城市森林在城市地区维持环境质量和人类福祉将变得越来越重要，当城市森林的建设将加强时，转变政府职能，健全城市森林的微观主体，建立公平开放透明的市场规则，减少政府的不当干预，发挥各主体的能动性，维持和加强城市森林至关重要。

总之，与自然环境中其他部分不同，城市森林的存在和维护只能通过人工干预。当前在大力推进生态文明建设的宏观背景下，如何在城市社会转型中观条件下充分利用与城市森林利益相关的城市政府、城市林业企业、城市民间组织和市民的力量，保持城市森林的存量，发展城市森林的增量，做好城市森林的治理是摆在我们面前的一个重要命题。就理论层面来看，协同发展是任何系统演化发展的一般规律，具有广泛的适用性，为人们解决复杂的科研生产和社会问题提出了一条新的途径（图 1-2）。因此，城市森林治理必须与大力推进生态文明建设宏观背景、城市生态转型、城市森林建设热潮再兴、治理体系与治理能力现代化转变的现实环境相适应，实现我国城市森林多主体协同治理。

1.1.2 研究目的

1）基于城市生态文明理论、公共物品理论、利益相关者博弈理论、系统协

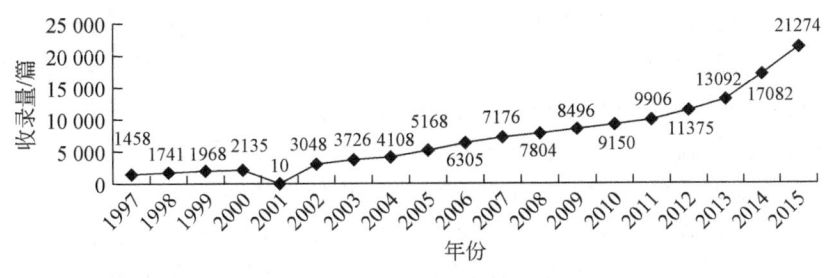

图 1-2　协同的学术关注度

同理论等相关理论和研究，构建我国城市森林多主体协同治理系统。

2）从系统动力分析角度，确定协同治理的环境协同，目标导向，分析治理主体各自的任务与收益，进行利益博弈分析，推演出促进治理系统协同发展的内在机理。

3）建立城市森林协同治理系统协同度评价指标体系，以青岛城市森林多主体协同治理为例进行实证分析。

4）针对协同治理系统发展要素的贡献度及主要障碍，从治理模式选择、治理机制构建、治理信息集成平台建设，提出促进协同治理向更高级发展、实现协同效应的对策。

1.1.3　研究意义

城市森林多主体协同治理研究的实质是在城市政府的主导下，协同与城市森林建设密切相关的各个方面的力量（如林业企业、民间组织、城市市民），发挥行政机制的本质职能，调动运行机制和保障机制的协同效益，并通过公众参与的形式使社会公众能够直接参与城市森林发展。城市森林多主体协同治理不但发挥城市政府在宏观层面上对城市森林的部署、调控的行政职能，而且可以把包括城市企业、民间组织、城市市民等起到的协助作用纳入其中，特别是能通过公众参与的形式将城市市民吸收到城市森林的发展过程中。这样有效促进传统城市森林发展过程中的"公地悲剧"、"反公地悲剧"、决策不科学、管理不精细、效率低下等问题的解决。多主体协同治理城市森林彰显了民主、参与、自治、合力的精神，为城市森林的可持续发展构思一种新型的解决方案。

1.1.3.1　理论意义

首先，本研究实现城市森林多主体协同治理理论的创新，开创城市森林治理研究新领域。该研究将城市森林发展理论与公私协作理论、官民协作理论、社会协作理论、政府协同理论等结合，在结合中实现治理理论的创新。

其次，本研究拓展城市森林多主体协同治理研究视角，优化治理系统构成与结构。城市森林的主要部分应该是以生态效益为主的生态公益林，归属于公共产品范畴，具有公共物品的非排他性、非竞争性等共性特征；同时城市森林又具有社会效益和经济效益，具有价值性和稀缺性，因此城市森林协同治理的研究不仅属于公共管理学的范畴，而且属于林业经营管理学的范畴，还融入经济学的基本原理和方法。城市森林协同治理研究不仅要使城市森林的生态效益最大程度上得到开发，也要使城市森林治理符合相关各方的利益。城市森林协同治理是个融合的视角，集中相关学科理论精华，并提升这些学科的理论空间，在研究视角方面拓展了城市森林多主体协同治理研究视角，优化治理体系构成与结构。

再次，本研究丰富城市森林运行方式。该研究探讨的以政府主导、企业推进、第三部门助力、社会公众广泛参与的理念和工具，对传统的政府主导运行方式提出改进。城市森林协同治理系统将公众的被动的需求转变为主动的需求，适合当前公众生态民主需求的增加，社会民主政治文化的变迁形势，减少社会管制危机发生，形成一种全面参与、社会协作的方式，是民主、参与、自治的社会发展潮流的体现。

1.1.3.2 现实意义

首先，通过本研究唤起政府重构协同一切力量发展城市森林的治理系统的意识。该研究将使城市政府更加清晰地认识到，在城市生态转型的今天，政府仅仅依靠自身能力和单一主体的城市森林运作方式已经无法适应大力推进生态文明背景下城市森林发展提出的新要求和新挑战，政府必须重新定位自己的功能与角色，采取协同的理念、方式和手段，协同一切可以协同的力量提升发展城市森林的能力与效率。

其次，研究也为城市林业企业、民间组织、公众参与协同提供指导。该研究也针对城市林业企业、民间组织、城市市民的特点，为他们参与城市森林治理提供了目标选取、利益追寻、模式选择和机制保障建议，为他们更好参与协同治理提供指导。

最后，通过本研究将为城市森林多主体协同治理构建及测度提供参考。该研究将梳理我国城市森林多主体协同治理的现状，指出我国城市森林多主体协同治理存在的缺陷及不足，并在对城市森林协同治理要素进行分析的基础上，提出城市森林多主体协同治理协同度的指标及模型，并进行实证，能为城市森林多主体协同治理构建及测度提供参考、借鉴。

1.2 国内外相关研究综述

对城市森林的研究，国外要早于国内。国外学者对城市森林的研究始于20

世纪 60 年代。比较著名的学者有 Grey、Anderson、Nowak、Cordell、Burnley、sehabel、Gobster、Mcpherson 等。到今天，从世界范围看，城市森林的区域热度仍在美国、加拿大等国。

国内对城市森林的研究起步较晚，20 世纪 70 年代末，海峡对岸台湾大学森林系开设城市森林课程，拉开了我国城市森林理论研究的序幕。1984 年，台湾大学教授高清出版《都市森林学》，标志我国学界开始在城市森林领域发出自己的声音。与此同时，沈国舫、王义文等大陆学者将城市森林的概念引入大陆，1989 年中国林业科学研究院才开始研究城市森林（史梅容，2010），逐渐形成大陆学者研究城市森林的热潮。

1.2.1 国内研究基本情况

通过 CNKI 中国期刊全文数据库，检索策略为在关键词字段中输入"城市森林"，选取期刊、特色期刊、博士、硕士、国内会议、国际会议等 8 个论文数据库，检索时间段为 1979～2013 年共 35 年，数据检索时间为 2014 年 4 月下旬，共检索获得论文 2267 篇。选取样本的题名、作者、单位、文献来源、关键词、摘要、论文发表年限等输出字段到 Excel 保存，首先分别以题名、作者等进行排序查重，去重；其次通过逐类阅读题名和摘要（必要时浏览全文）进行人工判读，排除文学作品、人物传记、书介书评、信息资讯等不相关文献 386 篇，数据清洗后最终得到分析用文献 1881 篇（聂法良，2014a）。

1.2.1.1 研究论文的时间分布

年度发表学术论文数量的变化是衡量某领域发展的重要指标（图 1-3）。从 CNKI 收录城市森林方面各年文献量的分布来看，大致分为 3 个阶段，第一阶段：1979～1998 年，历时 20 年，各年的相关论文在 20 篇内，可以看作中国城市森林的启蒙阶段。在此期间，1979 年党中央国务院把每年的 3 月 12 日定为植树节。1989 年中国林业科学院学者开始研究国外的城市森林发展状况。1992 年国务院通过《城市绿化条例》，建设部开展"园林城市"评比。1994 年中国林学会成立城市林业专业委员会。1998 年第九届全国人大常委会第二次会议通过《关于修改<中华人民共和国森林法>的决定》（刘德良，2006）。第二阶段：1999～2009 年，历时 10 多年，城市森林论文总体呈现较快增长趋势。除 2000 年、2005 年外，各年论文量都处于上升状态，至 2009 年以 196 篇达到峰值。这一阶段可以看作城市森林研究的发展阶段。在此期间，2000 年建设部制定颁布《创建国家园林城市实施方案》和《国家园林城市标准》。2001 年召开了全国城市绿化工作会议。2003 年中国林业科学院创办《中国城市林业》杂志。2004 年首届中国城市森林论坛在贵阳市召开，同时颁授"国家森林城市"。2005年中国城市森林网站（中文版）正式开通。2006年国家林业局印发《国家林业局关于加快森林公园发展的意见》。2008年中国生态文明建设高层论坛举行，国家林业局发布《应对气候变化林业行动计划》。第三阶段：2010年至今，社会处于转型中，论文量处于波动中，可看作城市森林研究的调适阶段。在此期间，2011年国家林业局印发《林业发展"十二五"规划》。2012年党的十八大把生态文明建设纳入"五位一体"总体布局，提出推进生态文明，建设美丽中国，实现中华民族永续发展。2013年国家林业局印发《推进生态文明建设规划纲要（2013—2020年）》。2014年习近平批示要全面深化林业改革，创新林业治理体系，充分调动各方面造林、育林、护林的积极性，稳步扩大森林面积，提升森林质量，增强森林生态功能，为建设美丽中国创造更好的生态条件。可见城市森林的研究与社会现实发展需求密切相关，在未来几年，预计城市森林的研究论文数量将随着生态文明建设的大力推进呈现又一轮大发展的趋势。

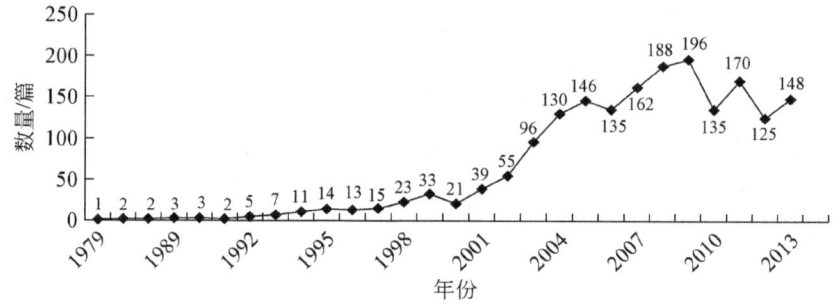

图 1-3　1979~2013年中国城市森林研究论文的年度分布

1.2.1.2　研究论文的空间分布

（1）机构分布

1881篇论文涉及935个研究单位机构，发表论文量10篇以上的单位机构见表1-3。发表论文数量在很大程度上代表该机构在该领域的研究实力。从机构类型来看主要包括3种类型。第一种类型是科研机构，中国林业科学研究院（简称中国林科院）以发表论文102篇排在第一位，中国科学院以96篇排在第二位，排名靠前的科研机构还有河南省、福建省、江苏省的林业科学研究院。第二种类型为高校，共15所。10所为农林院校，中南林业大学以发表62篇论文排在农林院校第一位，南京林业大学等9所农林院校发表论文在11篇以上；3所为师范院校，华东师范大学以发表22篇论文排在师范类院校发文量第一位；2所为综合类院校，西南大学以发表11篇论文排在综合类院校第一位。第三种类型为政府部门，共涉及2个部门，国家林业局作为行业主管部门以发表54篇论文在整个高产机构排名中位列第四位，其余还有广州市林业局。

表1-3 1979~2013年中国城市森林研究前20名发文机构名单

排名	论文篇数	机构名称	排名	论文篇数	机构名称
1	102	中国林科院	11	18	华南农业大学
2	96	中国科学院	12	16	西北农林科技大学
3	62	中南林业科技大学	13	14	福建农林大学
4	54	国家林业局	14	13	西南林学院
5	46	南京林业大学	15	12	广州市林业局
6	42	北京林业大学	16	11	河南省林业科学研究院
7	36	沈阳农业大学	16	11	上海师范大学
8	31	东北林业大学	16	11	西南大学
9	22	华东师范大学	16	11	徐州师范大学
10	20	安徽农业大学	16	11	中南林学院

为研究论文高产机构间的群体关系，选取发文频次大于等于11的前20名高产论文机构的134篇文章由两个或两个以上的机构完成，将其形成共词矩阵，然后导入社会网络软件UCINET，借助其内嵌的NetDraw工具绘制高频机构合作图（图1-4）。图中图框的大小代表合作的程度，连线的粗细代表机构之间合作的紧密度。

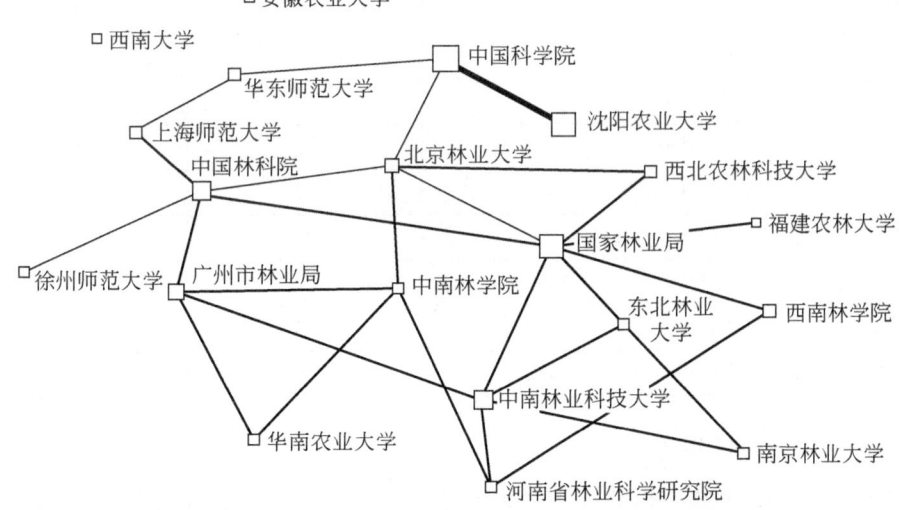

图1-4 1979~2013中国城市森林研究高频机构合作图

由图 1-4 可知，中国城市森林研究形成了以中国科学院、国家林业局、中国林科院、中南林业科技大学、北京林业大学为中心的跨机构的合作团队。如中国科学院与沈阳农业大学合作 25 次，与北京林业大学、华东师范大学各合作 2 次等共合著 32 篇论文，数量最多。国家林业局与中南林业科技大学等 7 个机构合作产生 19 篇论文。中国林科院与国家林业局等 5 个机构合作产生 17 篇论文。

（2）期刊分布

1881 篇论文来源于 537 种期刊，其中 30 种期刊发表了 34.88% 的论文。刊载中国城市森林研究论文 20 篇以上的期刊见表 1-4。表 1-4 显示《中国城市林业》作为全面介绍中国城市林业理论与实践的综合性学术刊物以 135 篇的发文量位列来源期刊第一位。紧随其后的是《国土绿化》《世界林业研究》《中国林业》《生态学杂志》等期刊。由此可见，城市森林作为林业的一部分、国土绿化的重要途径，生态功能效益突出，其研究论文也聚载在林业类刊物、相关林业大学的学报、国土绿化杂志和生态学杂志上。

表 1-4　1979~2013 年刊载中国城市森林研究论文 20 篇以上的期刊

编号	来源期刊	发文数量/篇	占比/%
1	《中国城市林业》	135	7.18
2	《国土绿化》	33	1.75
3	《世界林业研究》	28	1.49
4	《中国林业》	27	1.44
5	《生态学杂志》	26	1.38
6	《浙江林业》	24	1.28
7	《东北林业大学学报》	22	1.17
8	《华东森林经理》	22	1.17
9	《中南林业调查规划》	21	1.12
10	《南京林业大学学报》	20	1.06
11	《生态学报》	20	1.06
12	《中南林业科技大学学报》	20	1.06

（3）机构与期刊共现

将不同的机构与其产生的论文发表的期刊之间可视共现，便于发现机构发文的期刊偏好以及某种期刊刊载论文的种类与机构的规律。为此将发文机构前 20 名与所发论文期刊前 20 名共现如图 1-5 所示。图中符号含义见表 1-5。

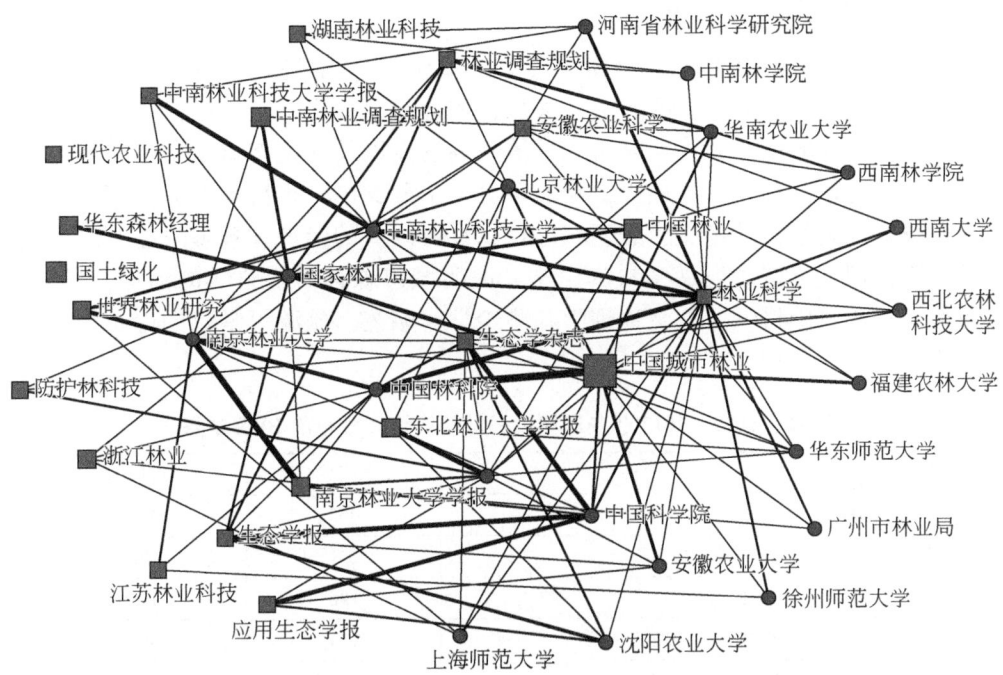

图 1-5　1979~2013 年中国城市森林研究机构与期刊共现图

表 1-5　机构与期刊共现图图例

符号	含义	数量变化
圆形节点	机构	—
方形节点	期刊	节点越大表示在该期刊发文越多
连线	机构在期刊上发文	连线越粗表示机构在该期刊的发文量越多

根据以上图例，从图 1-5 中可以看出，在单个期刊上发文最多的是中国林科院，其在《中国城市林业》发表 27 篇论文。其后依次是南京林业大学在《南京林业大学学报》发表了 26 篇论文，中南林业科技大学在《中南林业科技大学学报》发表了 25 篇论文，东北林业大学在《东北林业大学学报》发表了 22 篇论文，中国科学院在《生态学报》发表了 20 篇论文，在《生态学杂志》发表了 17 篇论文。由此可见，各机构倾向于首先在自己主办的刊物上发表论文，此举有便利原因，但长此以往不便于机构之间的学术交流。

从图 1-5 也可以看出，发文量最多的期刊是《中国城市林业》，共发表了 39 个机构的 124 篇论文。其次是《国土绿化》发文 32 篇，《世界林业研究》发文 27 篇，《生态学杂志》和《中国林业》各发表与城市森林有关论文 25 篇。其余各刊物都发文 11 篇以上。

(4) 学科分布

1979~2013 年中国城市森林研究论文分布在 31 个学科。其中论文分布前 10 名的学科见表 1-6。林业学科的论文最多，占总论文量的 53.18%，其次是建筑科学与工程学科的论文，说明城市森林的规划建设以及在生态城市营造、城市景观建造、绿色住宅开发等方面需要建筑科学与工程支撑。再次是农业经济、环境科学与资源利用学科的论文，表明城市森林具有巨大的经济和环境效益。此外是宏观经济管理与可持续发展学科的论文，说明城市森林需要科学的治理。最后，生物学、农业基础科学、自然地理学和测绘学、园艺、旅游等学科的论文也占一定的比例。

表 1-6 1979~2013 年中国城市森林研究论文分布前 10 名学科

编号	学科	文章篇数/篇	占比/%
1	林业	963	53.18
2	建筑科学与工程	251	13.86
3	农业经济	196	10.84
4	环境科学与资源利用	114	6.29
5	宏观经济管理与可持续发展	65	3.61
6	生物学	50	2.76
7	农业基础科学	27	1.49
8	自然地理学和测绘学	24	1.32
9	园艺	22	1.23
10	旅游	21	1.15

(5) 作者分布

提取作者信息录入 Excel 中，进行统计显示，1881 篇论文是由 3964 名作者写作而成。其中发文量仅为 1 篇的作者有 2057 名，占作者总数的 51.89%；发文量为 2 篇的作者有 338 名，占作者总数的 8.52%；发文量 10 篇以上的作者见表 1-7，发表文章最多的是何兴元（44 篇），其后为陈玮（34 篇），王成、刘常富、徐文铎发文数均为 20 篇以上。

表 1-7 发表论文 10 篇以上作者名录

序号	中心度	作者	发文量/篇	最早发文年份
1	0.0111	何兴元	44	2001
2	0.0086	陈玮	34	2001
3	0.0073	王成	29	2003
4	0.0066	刘常富	26	2003

续表

序号	中心度	作者	发文量/篇	最早发文年份
5	0.0050	徐文铎	20	2002
6	0.0045	吴泽民	18	1989
7	0.0035	闫文德	14	2005
8	0.0035	粟娟	14	1996
9	0.0033	赵桂玲	13	2003
10	0.0033	康文星	13	2007
11	0.0030	孙冰	12	1996
12	0.0030	彭镇华	12	1992
13	0.0030	贾宝全	12	2008
14	0.0028	田大伦	11	2006
15	0.0025	郄光发	10	2004
16	0.0025	李晓储	10	2002

为进一步揭示作者之间的联系情况，抽取发文量为前 48 名（最小频次为 6）的作者字段并生成共词矩阵，保存为固定格式文件，导入 UCINET 软件，利用其内 NetDraw 绘制出城市森林研究领域高频作者共词网络关系图，如图 1-6 所示。

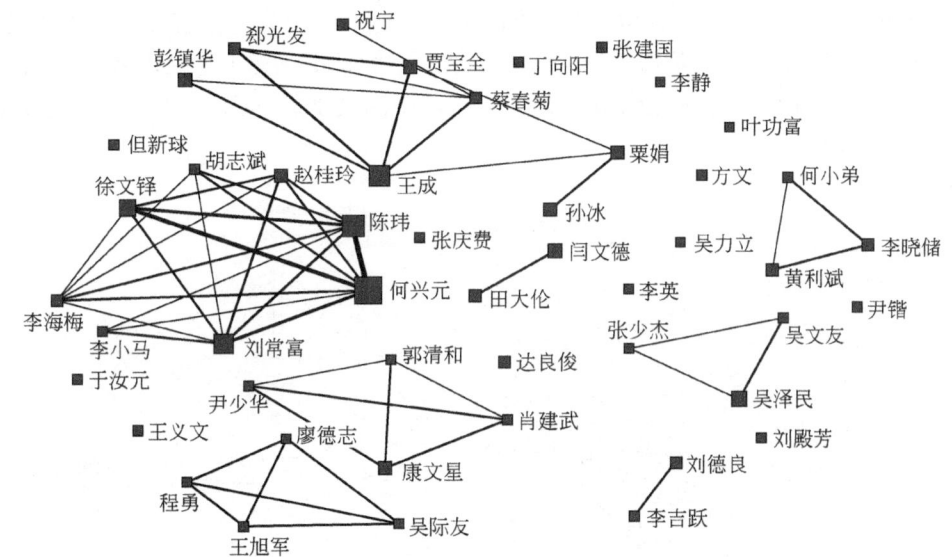

图 1-6　1979～2013 年中国城市森林研究高频作者共词网络关系图

从图 1-6 可以看出，国内城市森林研究的作者群之间存在着深入的合作关系，发文量前 48 名作者形成了 6 个聚类簇，其中最大的簇由何兴元、陈琳、刘常富、徐文铎、赵桂玲等 8 个人组成。何兴元为中国科学院沈阳应用生态研究所前所长，主要从事城市森林生态、植物与微生物共生生态等方面的研究工作；陈玮为中国科学院沈阳应用生态研究所研究员，主要从事城市森林生态等研究，通过电镜扫描分析了主要树种叶面形态结构与滞尘能力之间的关系，在国内首次提出单株滞尘量是衡量树种滞尘能力的最直接指标，构建了42种城市森林滞尘模式。可见该簇主要以中国科学院沈阳应用生态研究所为基地，开展了大量的城市森林与城市生态方面的研究。该簇也凸显了当前城市森林的生态效益实现与发挥，成为学者关注的热点。第二个簇由中国林业科学研究院林业研究所研究员、我国城市林业学科领域的学术带头人王成和中国林科院首席科学家彭镇华教授等8人组成，且王成的节点中心性最大。该簇以中国林科院为基地，开展了大量的中国城市森林建设理论、城市森林规划、城市森林生态功能与评价等方面的广泛研究，为中国城市森林的科学发展及时提供了科学支撑。从图1-6也可以看出，展示的共词关系，并不能完全代表作者的学术地位，如钱学森虽发表与城市森林有关论文不多，但影响很大，其论文被引用了93次，下载了1569次。

1.2.1.3 研究论文的关键词共现

关键词作为从文中的题名、正文或文摘中抽取出来的语词，表达了文章的核心与精髓，是高度概括和凝练，因此，对文章的关键词进行分析，频次高的关键词常被用来确定一个研究领域的热点问题（侯海燕等，2006）。经统计，1881篇城市森林有关研究论文共有关键词字段4432个。抽取关键词前20名（频次≥40）生成共词矩阵，带入UCINET软件，生成中国城市森林研究关键词共词网络关系图（图1-7）。

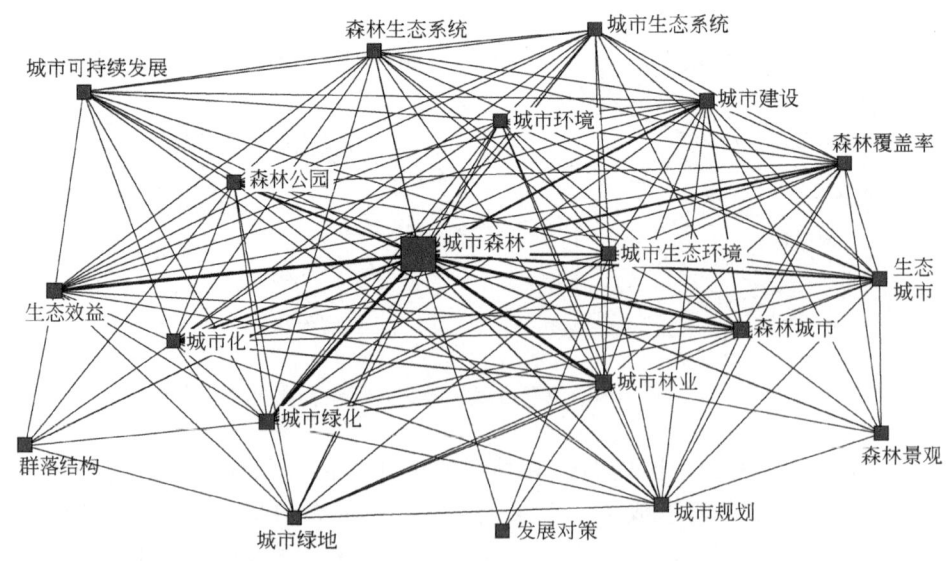

图1-7 1979~2013年中国城市森林研究关键词共词网络关系图

从图 1-7 中可以看出，城市森林、城市林业、城市绿化、生态效益、森林城市、城市生态环境的节点中心性最大，这充分说明过去 30 多年来城市森林作为城市林业的重要部分、城市绿化的重要途径、城市生态效益的重要提供者，通过建设森林城市，促进城市建设的研究热点成为国内专家学者广泛研究的主线与热点。结合关键词的频次可以看出：关键词之间形成了较为复杂的共现网络，其中城市森林与森林、林业、城市林业、城市绿化、生态效益、城市建设联系最为密切；从数量上看，频次为 1 的关键词有 3230 个，占 72.88%，使用频次≥10 的关键词有 90 个，占 2.03%，使用频次≥100 的有 5 个。

1.2.2 国外研究基本情况

国外学者对城市森林用语为英语的研究可在学术电子数据库中搜索到，这些学术数据库包括斯高帕斯文摘与引文数据库（Scopus）、爱思唯尔提供的 Science Direct 全文数据库，ProQuest 学位论文数据库，知识网（Web of Knowledge），谷歌学术（Google Scholar）以及谷歌搜索等中。例如，通过爱思唯尔提供的 Science Direct 全文数据库，检索策略为在关键词字段中输入 "urban forest"（城市森林）或 "urban tree"（城市树木）字段，选取期刊数据库，检索时间段从 1999 年爱思唯尔开始向读者提供电子出版物全文的在线服务到 2014 年共 15 余年时间，数据检索时间为 2014 年 5 月上旬，共检索获得论文 374 篇。

374 篇论文年度分布如图 1-8 所示。论文主要发表在 19 种期刊上，其中 106 篇（28.4%）文章发表在 *Urban Forestry & Urban Greening*（《城市林业与城市绿化》）上，65 篇（17.43%）论文发表在 *Landscape and Urban Planning*（《园林与城市规划》）上。论文主题主要集中在 19 个方面，排在第一位的为 "urban forest"（城市森林），共 55 篇（14.75%），排在第二位的为 "urban tree"（城市树木），为 14 篇（3.75%）。论文的研究内容主要有城市森林价值研究、城市对城市森林需求影响因素研究、城市扩展对城市森林影响研究以及城市森林发展措施研究等。

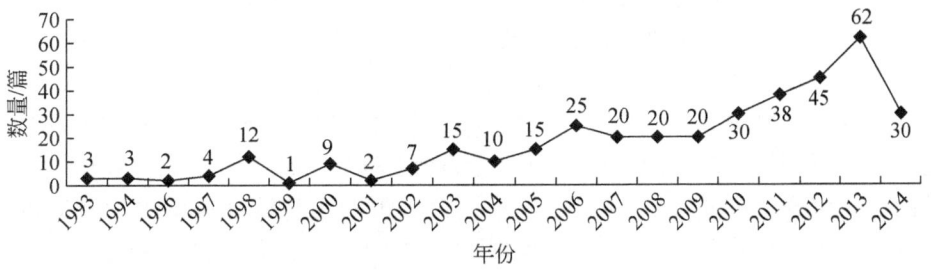

图 1-8 1993~2014 年（部分）国外城市森林英文研究论文的年度分布

1.2.3 国内外相关研究现状

目前，国内外学者在城市森林研究方面已形成了一批有特色的理论成果。与本书相关的城市森林研究现状如下。

1.2.3.1 城市森林的功能与效益研究现状

城市森林具有什么功能与效益，这是城市森林研究的首要问题，也是城市森林治理的目的。长期以来，国内外学者对此进行了广泛的研究。

国外的城市森林功能和效益研究比国内研究要深入细致得多。Nowak 等（2013）用美国 2005 年的 6 个州的 28 个城市的树木数据为样本测算全国城市森林碳储存和碳封存，并进行量化评估，测算树木总碳储存估计为 64 300 万 t，价值 505 亿美元；每年碳封存估计为 2560 万 t，价值 20 亿美元。Bodine 等（2014）分析堪萨斯州 Douglas 县城 1416.4 万棵树形成森林覆盖率为 25.2%，每年仅减少居民的能源成本估计为 290 万美元，其生态价值为 6.2 亿美元。Nowak 等（2014）研究了城市森林与空气污染，当地的环境数据的计算机模拟表明：2010 年减除空气污染物 1740 万 t，至少提高空气质量 1%，避免 850 人以上的死亡和 670 000 例急性呼吸道患者的发病，给人们带来的健康价值相当于 68 亿美元。Peckham 等（2013）深入研究了加拿大卡尔加里和哈利法克斯公民对城市森林价值的看法，认为城市森林是一个城市生态系统的重要组成部分，也是文化和自然典型的交汇地点。这些地方的市民认为城市森林的价值，主要是其非物质效益，尤其城市森林对人民情感、智力、道德的促进与养成。Zhu 和 Zhang（2008）专门定量研究了美国城市森林需求，指出广泛的经济调查显示城市森林具有多方面的效益，但这方面的研究还是有限的。他们研究了不同水平城市对城市森林需求产生影响的潜在因素，用经济模型测试和估计了美国超 10 万人口城市对城市森林的需求量，实验研究发现城市森林具有奢侈品的特性，城市森林需求与价格和收入变化高度相关，人均收入增长 1% 将引起对城市森林需求增长 1.76%；城市森林价格增加 1% 将引起对城市森林需求降低 1.26%。当城市总人口增长时城市森林面积也随之增长，但增长的比例低于人口增长的比例。Mclain 等（2012）论述了未来美国伴随着人们对采摘、园艺和牲畜生产对城市公共空间的需求，在植树造林、生态恢复中等的绿色行动正快速改变物种组成、物种分配和城市森林构造进程。文章分析了西雅图在这方面努力的制度框架，认为城市森林提供可食用商品同提供服务一样重要，两方面的兼顾为城市的可持续性提供更加坚固的基础，因此城市森林管理需注意城市森林生产性的活动。此外，许多研究者也对城市森林某方面的功能价值进行了研究。Jane Braxton Little 介绍了加利福尼亚的自

2013 年 1 月开始的温室气体排放交易 Cap-and-Trade 项目，如果 5000 万棵树木被种植，然后他们可以抵消估计有 630 万 t 二氧化碳排放，约占每年 3.6% 的全国范围内的目标（Jane Braxton Little，2012）。Tyrvainen 运用享乐价格法和条件价值法对芬兰东部 Joensun 城镇的城市森林休闲价值进行了研究，表明城市森林可以提高房地产的价值（Tyrvainen，1997，1998）。Templeton 等研究了城市森林可促进就业，加利福尼亚州每年 15.7 万份工作与城市林业有关，其中城市林业直接提供的工作是 2.5 万份（Templeton et al.，1996）。

国内大都从生态、社会、经济效益 3 方面研究城市森林的效益。在生态功能及效益方面：城市森林的生态效益研究主要表现在空气污染物清除、碳储存和碳螯合、降温与节能等方面（韩明臣等，2011）。吴耀兴等（2009）研究认为广州市城市森林每年对大气污染物吸收净化的功能价值为 11.3 亿元。任稳安（2013）介绍西安市的城市森林建设完成后，每年可吸收二氧化硫 10.64 万 t，滞尘 1300 万 t，固碳 300 万 t，释氧 790 万 t。肖建武等（2009）以中国第三个"国家森林城市"长沙市为例，计算了该市森林生态系统的每年固碳释氧总价值约为 37.73 亿元。黄少卫等（2010）对城市森林对小气候的调节及其功能进行了研究，结果表明，广州城市森林降低城市热岛效能为晴天 2.37℃，雨天 2.0℃，增加空气湿度 11%；降低紫外线指数日平均为 2.23，降低辐射量热值日平均为 6.10 MJ/m²；舒适天数增加 36.36%，较舒适天数增加 28.57%，而稍不舒适天数减少 8.38%，稍闷热天数减少 21.42%，闷热天数减少 67%；城市森林改善小气候的功能价值共计 2 186 604.72 万元/年。王雁和缪昆（2003）对城市森林植物修复污染土壤的功能进行了研究，指出城市森林中不同森林植物具有通过自身理化特性吸收和转移土壤重金属，实现修复污染土壤的功能，并列举了重金属超富集植物，应针对土壤污染的种类而有目的地选择植物种类并进行合理的搭配，有效修复城市污染土壤，为创造安全、良好的城市环境服务。

在社会功能及效益方面：社会效益是指城市森林提供的除经济效益和生态效益之外的其他一切效益。姚先铭和康文星（2007）对城市森林社会服务功能价值、评价指标体系进行了研究，指出城市森林的社会功能主要包括游憩功能、文化教育功能、拉动产业发展功能、就业功能、促进科学技术进步等。并对广州市城市森林生态系统的社会服务功能价值进行了评估。结果表明，广州市城市森林生态系统的社会服务功能价值为 532 127 万元/年；其中促进科学技术进步的功能价值为 345 万元/年；文化价值功能为 99 522 万元/年，社会就业功能价值为 82 784 万元/年；拉动城市经济发展功能（仅房地产增值）价值为 82 784 万元/年；游憩休闲功能价值为 212 465 万元/年。蔡春菊等（2005）对城市森林的文化承载功能进行了研究，指出城市森林建立包含城市园林、自然景观、庭院绿化、城市散生木（包括古树名木）在内的风格统一、空间完整的城市森林空间，能对社会文化和历史景观起文化承载、支持和美化等的重要作用。韩明臣（2011）对城市森林保健功能进行了研究，在全面认识城市森林保健功能的概念及机理基础上构建了由人体舒适度、空气富氧度、空气清洁度3个指标组成的城市森林保健功能综合评价指数。沈芝琴等（2011）还对城市森林游憩功能进行了评价研究，从城市森林资源状况、居民游憩体验质量和开发利用条件3个层面设计了指标体系对城市森林游憩功能进行了研究。周晓芳和吕勇（2011）对城市森林社会功能从梯度方面进行了分析，研究指出城市森林的主要社会功能之一是提供休闲场所，促进人与人之间产生积极的社会关系，增强居民对社区的认同感和归属感，有利于降低盗窃率和暴力犯罪率。

在经济功能及效益方面：城市森林的经济效益与其生态效益和社会效益相关联，在某种程度上，就是生态效益与社会效益在经济上的量化。一般来说，城市森林的经济效益可概括为直接经济效益和间接经济效益两部分。直接经济效益主要来自于木材、药材、苗圃、果实的生产、公园旅游收入、观赏植物贸易等。王义文（2005）指出，具有城市森林特色的城市可以为城市居民提供50%的薪材、80%的干鲜果品。另外，城市花卉的经济价值也相当可观。间接经济效益主要来自于改造环境所带来的生态效益、社会效益的价值，如遮阳和防风带来的能源节省。马正其（2008）指出，实施"森林重庆"建设可以转移农村富余劳动力88万人，全市每年粮食将增产138万t。陆贵巧等（2006）通过对大连城市森林总体生态效益评价与分析，得到了城市森林在其生态效益发挥方面的具体数值，当前大连城市森林生态效益总价值为4.28亿元/年，城市森林所带来的间接经济效益比直接经济效益大得多。李忠魁和周冰冰（2001）对北京市森林环境功能价值进行了量化研究，结果显示，其是林木产出价值的13.3倍。肖建武等（2011）估算，2009年的广州市城市森林生态系统服务功能总价值为4 417 157万元/年，其中直接经济价值为122 155万元/年，间接经济价值为4 209 833万元/年，间接经济价值是直接经济价值的34.46倍。

总之，城市森林和传统林业治理目标不同，传统林业以提供众多的林产品与经济服务为重要目标，而城市森林主要侧重于改善城市生态环境和提供一定的社会效益。因此建设城市森林是建设城市生态文明的重要手段，是体现城市竞争力的重要标志，也是实现全面建成小康社会的重要特征。

1.2.3.2 城市森林多主体协同治理研究现状

城市森林具有巨大的生态、社会、经济价值，如何对城市森林进行科学治理，以最大化实现城市森林价值，成为中外学者研究的重大问题，这类问题主要集中在城市森林的建设和管理中，具体聚焦在治理现状、出现的问题及对策措施等方面。

(1) 城市森林发展现状研究方面

崔立明和刘红梅（2009）指出，尽管我国城市林业研究起步较晚，但城市林业的建设工作一直受到政府的重视，并已取得较大成绩，到 20 世纪 80 年代全国城市义务植树 1 亿株。改革开放以来，经济的高速发展，使我国城市林业进入了一个新的发展阶段。据城建部门对全国 497 个城市统计，到 1991 年底，全国城市平均绿化率为 20.1%，平均每个城市居民占有公共绿地 4.1m^2。然而，与国外学者认为的合理的城市绿化覆盖率应为 50% 相比，我国城市林业的水平还比较低，其发展还远远赶不上城市的发展速度。存在的问题是现有城市森林的维护和持续发展难以保障、城市规划与城市森林建设脱节、城市森林结构不合理、经营粗放，管理不善。由于技术设备落后，机械化程度低，缺乏管理人员，导致管理粗放，使城市森林生态系统在生物多样性、再生能力及可持续活力等方面表现差。在城市森林资源和经营管理方面未形成一套符合城市森林特色的法规和法令，另外，由于城市森林涉及林业、园林、环保、城建、土地等多个部门，在产权、经营管理权属的划分关系及职能协调上尚存在一些问题，也造成了城市森林管理不善，粗放经营的局面。章滨森等（2012）指出 2002 年国家制定了中国可持续发展林业战略，首次把城市森林建设作为林业战略的重要内容，要求我国 70% 城市到 2010 年城市林木覆盖率达到 30%，到 2030 年达到 40% 以上，到 21 世纪中叶要达到 45% 以上。根据费世民等在 2010 年对我国 21 个城市的统计，其森林覆盖率为 5.5%～48.5%，虽然平均水平已经达到了 31.03%，但发展很不平衡，我国城市森林治理还有很大发展和提升空间（章滨森等，2012）。

(2) 城市森林治理问题方面

Lamichhane 和 Thapa（2012）通过对尼泊尔两个城市的考察，发现这两个城市森林树种不是市民所喜欢的小的、无多枝的和有吸引力的树种。城市市民不满意现有的树种。出现这个问题的原因是市政当局和其他相关组织没有任何具体的公众参与促进城市林业计划、项目和活动，并提出不同的利益相关者如市政当局、政府办公室、社区组织和城市市民定期的协调、合作和监督是必要的，足够的机构和金融资源加上有关机构有效的合作、协调可以改善这种状况。古琳和王成（2011）研究认为：中国城市森林在经营中存在着未充分贯彻可持续经营理念、城市森林保障措施薄弱、城市森林管理机制不健全等问题，应从整个市域范围着手，根据中国城市森林特点制定相应的经营规划，进行分类经营管理，健全城市森林健康管护体系，深入发掘森林生态文化，完善科技支撑和保障体系，促进中国城市森林经营管理的健康和可持续发展。周晓芳和吕勇（2010）研究了长株潭城市群城市森林建设存在的问题，行政分治依旧、城市森林建设尚未形成合力、城市森林公共财政投入不足、生态效益补偿标准明显偏低、城市森林发展不够均衡等问题，提出创新管理体制建立强有力的统一管理机构、编制城市群城市森林统一发展规划、健全并完善保障规划实施的法规体系、构建以公共财政为主体的多元化投入机制并以此为手段推动区域均衡化发展等措施。

(3) 城市森林治理对策方面

王木林（1998）指出，城市森林经营、利用是涉及范围广、行业多的事业，需要城市和有关地方政府密切配合，打破地域阻隔、行业界限，充分发挥各地、各行业优势，林业、园林、城建等有关行业通力合作，建成城乡一体，生态、经济、社会效益好的城市森林生态系统。张明亮和王海霞（2006）指出应制订适应我国社会市场经济体制的森林法律体系，明确不同部门对城市森林的责、权、利，逐步将城市森林的规模分布、质量、功能以及保护利用等纳入法制的范畴。陈慧等（2010）针对当前城市森林建设问题，提出了政府主导、市场调节、公众参与的基本框架。刘翠玲（2010）认为城市森林由于所处位置的特殊性，在实际的建设管理中往往被孤立化、狭隘化，致使城市森林在城市中呈现出高度破碎化、分布不均匀的格局。因此，建设中应该实现城区、近郊、远郊协调配置的城市森林生态网络体系。许一耿（2006）提出，城市森林培育的设施建设与管理是发展城市森林的关键环节，必须形成统一的管理体制。政府要建立统一的协调领导小组，把城区、近郊、远郊的森林绿化工作统一协调起来，把规划、建设、管理统一起来，职能管理部门也要统一，统一执行城市总体规划指导下制订的城市森林发展规划，统一城市森林的建设和管理。李英和刘奔（2009a）指出，目前，城市生态环境的恶化程度日益明显，城市森林建设越加受到重视。由于城市森林生态服务属于公共产品范围，因此，一般主要由政府提供。我国在城市森林生态服务供给过程中，存在环境改善的资金投入偏重于污染治理、绿化形式单一、缺少统一协调、养护管理资金严重不足、区域之间绿地分布不均衡等问题。在政府财政资金有限的情况下，从市场化供给和自愿供给的视角出发，应采取的对策为实施城市森林生态补偿，有效保证城市工程项目绿化和企事业单位绿化任务的完成及促进社区居民参与，以此来推动城市森林建设。殷欧（2005）提出在资金筹措途径上，通过建立分类经营、多元投入机制，实行国家、集体、社会共同参与造林。吴晓纬等（2010）提出将WebGIS技术应用在城市建成区的森林管理系统中，以实现城市森林的精细化管理。该系统按照分布、功能对城市建成区森林进行分类，建立基础信息数据库，实现城市森林资源的有效整合与共享，提高管理效率。陈爽和詹志勇（2004）研究发现，城市扰动因子明显影响了树木的自然生长过程。通过对南京城市树木管理机构、措施及法规的剖析，指出我国城市树木管理体系中存在着管理机构职责不明、管理人员知识陈旧和管理法规纷繁复杂却难以相互衔接、可操作性差等问题，结合国外经验提出综合性树木种植规划及树木管理信息系统是建立现代化城市树木管理体系的先决条件和首要任务。

1.2.3.3 城市森林参与研究现状

国内外一些专家对城市森林参与治理进行了研究。

(1) 在政府主导作用方面

Younga 和 McPherson(2013)指出,通过大规模的大都会植树,增强城市生态系统服务计划,虽然单纯通过政府已经难以前行,但是政府部门依然是起主导作用。科学界和非营利组织提供城市森林发展愿景及一定管理,私人部门提供资金支持的协同是必要的。

(2) 在企业参与方面

徐盘钢(2003)指出,造林由于公益性较强,过去都由政府财政"包办",成效不大。上海实行投资多元化机制,吸引社会资本参与。已有26家中外企业参与开发建设上海城市森林建设项目,面积已达10万余亩①。上海市有关部门除已明确出台每亩苗木林地连续3年每年补贴经营者300元之外,还在加紧制定"森林房产"建设的有关政策。杨扬(2013)报道,合肥为创建国家森林城市,绿化项目吸引了亿本园林、华盛园林等295家企业和大户投资建设,合同建设面积16.5万亩,占全年20万亩目标任务的近83%,总投资额22.9亿元。合肥市还出台相关政策扶持园林绿化企业和造林大户参与合肥城市绿化建设,如对于在巢湖等边岸水源地保护区新增造林连片面积300亩以上的,每亩补助500元。

(3) 在民间组织参与方面

Negi(2000)对非政府组织和政府部门在森林参与中的信任进行了研究,认为非政府组织是参与式森林经营计划的促进者,其作用在于通过资助造林和其他多种造林活动,成为动员群众、增加群众能力和促进森林生长的"催化剂"。两者的矛盾在于信任,非政府组织认为政府不信任他们及他们的作用。冯彩云和刘欣(2007)介绍了美国、加拿大林业非政府组织情况,指出非政府组织与政府的关系是十分明晰的,它们独立于政府部门之外,不以权力运作为特征,形成了一套自律性很强的运行机制。而改革开放以来,我国林业非政府组织是从政府机构中分离出来的,人员、经费来自于政府机构,没有脱离与政府部门的关系,成为"官办"的组织,限制了非政府组织作用的发挥。因此,要按政事分开的原则,使非政府组织在人、财、物方面完全与政府脱钩,成为独立的法人实体。李东云(2007)对我国非政府组织的行为进行了初探,认为非政府组织作为对政府(民主制福利国家)和市场(规范竞争市场)双重失灵的一种回应,具有动员与整

---

① 1亩≈666.7m²。

合社会力量，促进公民参与；补充或代理政府一定职能，优化政策效果；可持续发展观念的倡导与教育；充当外部监督与评价机构的作用与价值。非政府组织在我国环保事业中初显身手，成效显著。本土非政府组织尚显稚嫩，存在资金问题等发展困境。应构建以市场性、社会性、服务性为主要特征的非政府组织管理体制。

（4）在公众参与方面

Maija 和 Liisa（2005）研究了自 1995 年以来在芬兰的赫尔辛基多方参与城市森林的战略规划的问题。他们指出，参与者认为参与式方法避免了日益增强的居民绿色区域意识和规划的冲突。大多数采访者也对多方参与形式的城市森林战略规划感到满意。绿色区域规划当局也认为参与式方法在城市森林规划中是有用的。未来，几个不同的鼓励各利益相关者包括儿童、青年人和其他特殊组织公共参与方法应被用于城市森林规划中。Liisa Tyrväinen 等（2003）指出赫尔辛基的具有较高学识的年轻的居民和活跃用户相比年长的教育水平较低的居民或不活跃用户更喜欢城市森林生态导向的管理。这意味着一个参与式规划过程通常会导致某种类型的妥协。当前使用参与式规划方法能够充分将公共价值纳入其规划过程。美国阿灵顿郡城市森林总体规划编制过程中召开了两次公众讨论会，分别就总体规划中应该包括的重要议题和当前城市森林规划采取的行动听取公众的意见（弗吉尼亚州阿灵顿县公园休闲和文化资源部，2004）。李英和刘奔（2009）从生态效用构成角度分析了居民参与城市森林生态服务供给的行为动因，居民参与城市森林生态服务供给行为的影响因素，以及影响居民参与城市森林生态服务供给的不利因素。吴泽民（2005）指出，城市居民了解城市森林，城市居民的参与，是实现城市森林持续发展的重要基础。倪同良和李福双（2006）提出建立城市森林公众参与制度，包括城市森林信息公布公开制度、城市森林决策程序化制度、公众参与城市森林决策制度、举报破坏城市森林的奖励制度等，建立完善的城市森林监督、评价体系。

（5）在协同参与方面

Dr. Cecil Konijnendijk 等（2005）指出，城市森林为居民提供了生态、社会、经济效益，理应需要建立一个有效的密切联系政府、私人、志愿者和社区的工作关系，以使他们能在最大可能范围内贡献其土地、技能和财力。Lacan 等（2009）深入研究了 20 世纪 90 年代的南斯拉夫地区冲突和战争导致城市和城市周边的森林严重损害，但是战后，城市树木被迅速和有效地重新种植，原因在于得到了城市社区、萨拉热窝大学森林院系教授专家和城市树木研究者的大力支持，如接受了树木专家的建议，引进了适宜的树种，提高了城市森林的多样性。刘平（2003）指出，环境方面"公众参与"发展的程度，直接体现着一个国家环境意识、生态文明的发展程度。它需要政府、非政府组织、广大环保志愿者和一切关心环境问题的人们来共同努力和推进。

1.2.4 国内外相关研究评述

国内外许多专家和学者致力于城市森林的研究，通过以上国内外相关研究可以看出以下几方面。

1.2.4.1 我国城市森林多主体协同治理理论系统尚未形成

城市森林多主体协同治理涉及治理主体、治理客体、治理模式、治理机制、治理平台等，是一个系统工程。长期以来，由于城市森林重建设、轻管理、更不重治理，城市森林多主体协同治理概念尚未统一，远未形成一个准确、完整的城市森林多主体协同治理概念。此外，目前相关的理论研究虽有涉及，但都处于提出问题阶段，部分研究也比较零散，缺乏系统性和完整性。

1.2.4.2 缺乏从"主体"角度对城市森林协同治理的研究

目前的城市森林多主体协同治理研究没有从城市森林治理"主体"参与角度考虑城市森林多主体协同治理的演化与发展问题，难以了解城市森林治理构成主体之间的相互作用的模式机制，从而难以发挥每个主体有限的资源、能力，通过一定的协商和合作实现系统整体的功能或共同目标，同时每个主体也在这种交互的过程中实现自己的功能或目的。从而不能为城市森林多主体协同治理系统发展、实践治理建构等提供科学的决策支持。

1.2.4.3 缺乏对城市森林多主体协同治理机理及测度的深入研究

协同化是当前城市森林多主体协同治理的发展趋势，也是城市森林治理主体间的运作方式。主体之间如何实现协同，有哪些机制模式以及平台能够促进治理主体间的协同，如何对治理主体间的协同效应进行测度等问题急需研究，以便为处于大力推进生态文明建设背景下的城市森林建设热潮科学推进提供理论支持。基于此，本书尝试以城市森林治理为研究对象，以多主体协同为研究指向对城市森林多主体协同治理进行深入系统的研究。

1.3 研究的主要内容和结构

1.3.1 研究的主要内容

本研究以大力推进生态文明建设为宏观背景，以城市社会生态转型为中观背景，以城市森林治理为研究对象，以多主体协同为研究视角，在借鉴国内外城市森林多主体协同治理研究成果的基础上，运用城市生态文明理论、公共物品理论、利益相关者博弈理论、系统协同理论、评价等理论，从城市森林发展实际出发，对城市森林协同治理进行理论研究和实证分析，从治理主体、治理动力、治理模式、治理机制、治理平台等多个层面探索城市森林协同治理的实现方式。

（1）我国城市森林多主体协同治理框架构建及系统分析

运用相关理论作为基础，在对传统城市森林多主体协同治理分析基础上，以治理模式为主导，以治理机制为保障，以治理信息平台为支撑，建立由城市政府、城市林业企业、民间组织、城市市民等多主体协同互动的城市森林多主体协同治理框架，并进行系统功能、结构及特征分析。

（2）城市森林多主体治理系统动力分析

在城市森林协同治理体系系统分析的基础上，进行治理体系协同的动力分析，包括进行受力分析，组成力量的核心要素分析，总力量与系统协同发展分析，总力量推动多主体协同发展分析。

（3）我国城市森林多主体协同治理协同效应测度

首先通过分析城市森林多主体协同治理协同效应与协同度关系，提出协同度计算模型。并构建城市森林多主体治理系统协同度评价指标体系。

（4）我国城市森林多主体协同治理协同度实证研究

以正在积极创建"国家森林城市"的青岛城市森林多主体协同治理为例，对我国城市森林多主体协同治理协同度进行实证分析。

（5）城市森林多主体协同治理对策研究

首先，探讨协同视域下城市森林治理流程的转变，并提出我国城市森林多主体协同治理适用模式；其次，构建城市森林多主体协同治理的运行机制和保障机制；最后，对城市森林多主体协同治理信息集成平台建设提出建议。

1.3.2 研究的结构框架

中国城市森林从没有像今天一样受到如此关注。传统的城市森林政府包揽一切、率性而为的治理方式已受到极大挑战。本书从中国城市森林的特点出发，以协同治理为切入点，以城市生态文明理论、公共物品理论、利益相关者博弈理论、系统协同理论与评价等理论研究成果作为分析工具，对城市森林协同治理的要素、内涵、特征与结构进行界定和分析，并对发达国家城市森林协同治理成功经验进行总结借鉴。在此基础上，对城市森林协同治理进行框架构建和动力分析，并运用实证分析方法对城市森林协同治理系统协同度进行了测度，以此为依据，提出促进城市森林多主体协同治理的高效协同实现的对策建议。具体研究内容主要包括9个方面。

第1章，绪论。提出我国城市森林多主体协同治理研究的背景、目的、意义，对国内外相关研究理论进行综述，并对本文研究的主要内容、结构框架、研究方法、技术路线进行介绍。

第2章，我国城市森林多主体协同治理现实诉求研究。本章首先论述中国大陆从20世纪80年代开始引进北美的城市林业思想至今的我国城市森林治理历程；其次从纵向和横向的角度比较我国城市森林的现实状况。再次论述当前无论是宏观要求、中观治理体系问题改善，还是微观单一治理主体"失灵"都诉求城市森林多主体协同治理。否则沿用传统治理方式将引起治理冲突不断。本章首先论述了城市森林多主体协同治理的宏观、中观和微观诉求。然后对城市生态文明理论、公共产品理论、利益相关者博弈理论、系统协同理论和评价理论进行了回顾，并界定本研究所用的主要概念。为后边研究提供现实和理论基础。

第3章，我国城市森林多主体协同治理基础理论研究。本章首先结合城市森林治理研究的需要，对城市生态文明理论、公共产品理论、利益相关者博弈理论、系统协同理论和评价理论进行梳理与分析。其次，界定本研究所涉及的城市森林与森林城市、多主体、多主体协同、多主体协同治理和城市森林多主体协同治理等概念。为本文的后续研究奠定理论基础。

第4章，我国城市森林多主体协同治理模型构建及系统分析。本章首先在借鉴发达国家城市森林协同治理成功的经验基础上，构建我国城市森林多主体协同治理模型。然后对我国城市森林多主体协同治理系统要素、要素功能和特征进行分析。

第5章，我国城市森林多主体协同治理系统动力分析。本章首先对城市森林多主体协同治理受力进行分析，构建城市森林多主体协同治理的动力模型。然后分别对城市森林多主体协同治理的协同力与摩擦力核心要素进行重点分析。最后分析总力量与协同发展的关系。

第6章，我国城市森林多主体协同治理系统协同效应测度。本章首先分析城市森林协同度是表征系统协同效应的核心要素，协同度决定着协同效应。然后，以系统协同分析为基础，建构城市森林多主体协同治理系统协同度评价指标体系和评价模型，并以青岛城市森林协同治理为例进行实证研究，并对研究结果进行分析。

第7章，我国城市森林多主体协同治理模式选择。本章首先从目标和利益核心要素出发分析城市森林治理模式类型。从理论和实践例举两个层面对处于不同发展水平选择不同协同治理模式进行论述。最后，论述多主体协同治理模式不是一成不变的，随着经济社会等的发展水平的变化，模式也需要及时转换，为我国城市森林治理模式的选择提供有益借鉴。

第8章，我国城市森林多主体协同治理机制构建。本章首先指出机制的建立是实现协同的保证；其次，构建出城市森林协同治理运行和保障两层面机制。

第9章，我国城市森林多主体协同治理信息集成平台建设。本章首先论述协同治理信息平台建设可行因素，重点对平台功能需求、平台的总体架构进行探讨。最后提出保障措施。

1.4 研究方法和技术路线

1.4.1 研究方法

（1）文献分析法

本书在写作过程中充分利用国内外的各种文献资料，共收集国内文献1881篇，国外文献374篇，通过文献的查阅和分析来确立论文分析的线索和框架，并寻求可能的理论创新与突破。

（2）调查研究法

进行实地调研，对美国、加拿大、新加坡等国外城市森林建设以及贵州贵阳、辽宁大连、四川成都、内蒙古呼和浩特、河南洛阳、广东广州、浙江杭州、江苏扬州、湖北武汉、山东威海等"国家森林城市"进行了实地考察认知，获得了山东青岛等6个正在紧张进行城市森林建设，争创"国家森林城市"的案例。通过走访、问卷、座谈等方式获得第一手资料和研究数据，为实证研究和定量研究奠定基础。

（3）统计分析法

积极运用各种模型，深入剖析协同机理。运用熵权法等评价方法，对大量的数据资料进行了加工和提炼，分析治理系统的有序度、协同度及协同效应，提高论文的理论研究深度。

（4）规范研究与实证分析相结合

按照逻辑关系，在现实和理论基础上构建城市森林协同治理系统，然后对治理系统进行定性和定量分析，然后以青岛市为例进行实证研究，提出促进城市森林多主体协同治理的对策措施。使本书既有严谨的科学性，又有较强的可操作性。

1.4.2 研究的技术路线

本研究采取"问题提出→现实基础→理论基础→系统构建→分析问题→解决问题"的逻辑思路进行深入研究（图1-9）。

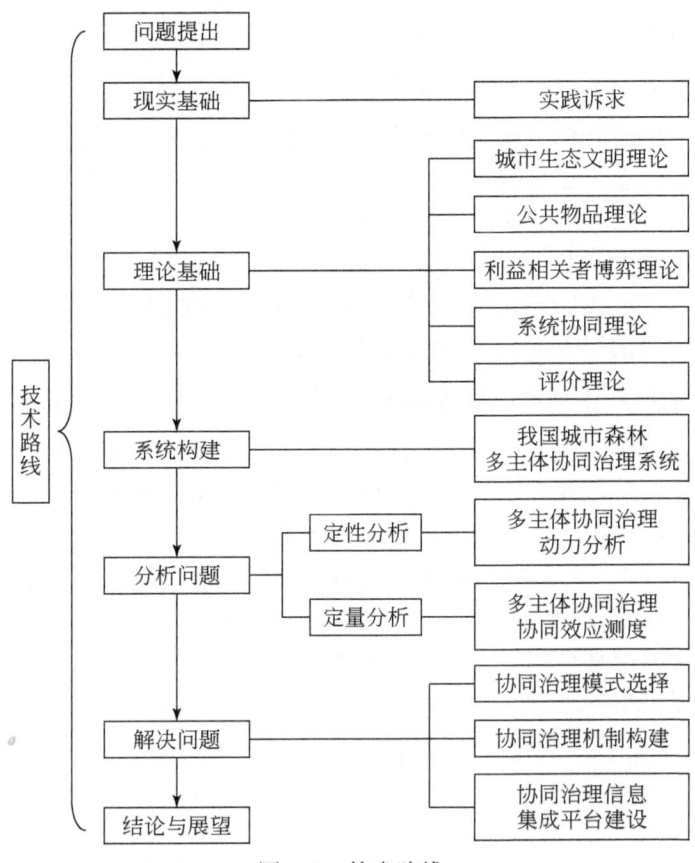

图1-9 技术路线

1.5 研究的创新点

当前城市森林是研究的热点，特别是通过城市森林多主体协同治理，实现城市森林可持续发展研究具有一定的前瞻性、创新性。本研究主要创新点如下。

（1）我国城市森林多主体协同治理概念模型及构成分析

基于我国生态文明建设大力推进、城市生态转型进程加快、城市森林建设热潮再兴、治理体系和治理能力现代化转变的宏观背景；国内外相关研究中城市森林多主体协同治理理论系统尚未形成、缺乏从"主体"角度对城市森林多主体协同治理的研究；以及通过对目前中国城市森林多主体协同治理的宏观、中观和微观诉求分析和发达国家城市森林治理经验借鉴后，自下向上对城市森林多主体治理进行形式化建模，其由治理主体、治理客体、治理动力、治理模式、治理机制、治理信息平台等组成。该概念模型的提出拓展了城市森林治理研究的视野，为人们认识、研究和管理城市森林提供了新的思路。

（2）揭示我国城市森林多主体协同治理协同发展机理

运用动力学理论分析了我国城市森林多主体协同治理系统受力情况，提出协同力与摩擦力的概念，建立城市森林多主体协同治理系统总力量、总协同力和总摩擦力关系，并深入分析构成协同力与摩擦力的核心要素，揭示了总力量促进治理多主体和治理系统协同发展机理，并根据力量调适途径，建设发挥模式、机制、平台作用，促进我国城市森林多主体协同治理不断从"协而不同"或"协而不深"向高效协同形态演化，最终实现协同效应。

（3）建立城市森林多主体协同治理系统协同测度模型和评价指标体系

根据治理系统协同度与协同效应成正相关，通过治理系统协同度可推断治理系统的协同效应，反之亦然，建立了我国城市森林多主体协同治理协同度测度模型，建构筛选了评价指标体系，并以青岛城市森林多主体协同治理为例进行了实证分析。这些研究有利于丰富和拓展城市森林协同治理理论，深化对城市森林多主体协同治理协同程度的清晰认识，发现城市森林多主体协同治理需要扬长避短的方面，为提升城市森林的多主体协同治理水平提供了方向，也能有效地为政府及相关方决策提供参考。

第 2 章　我国城市森林多主体协同治理现实诉求研究

2.1　我国城市森林治理历史进程

中国大陆从 20 世纪 80 年代开始引进北美的城市林业思想，与欧洲起点相近或稍迟，但就目前发展水平而言，差距是明显的（李吉跃和刘德良，2007）。1989 年中国林科院开始研究国外城市林业发展状况，首先将"城市森林"的概念引入中国大陆（彭镇华，2003a，2003b），以此为起点，我国城市林业进入了引进、发展的新阶段。80 年代以来中国城市森林主要进程如下（表 2-1）。

表 2-1　中国城市森林主要实践进程一览表

时间	事件	目标要求
1984 年 9 月 20 日	第六届全国人民代表大会常务委员会议通过《中华人民共和国森林法》	为了保护、培育和合理利用森林资源，加快国土绿化，发挥森林蓄水保土、调节气候、改善环境和提供林产品的作用，适应社会主义建设和人民生活的需要
1989 年	长春市正式提出实施"森林城"建设规划	以"绿色是动力，宜居是本质，森林是载体"为特征打造中国北方最美丽绿色宜居森林城
1992 年 5 月 20 日	国务院通过并施行了《城市绿化条例》	促进城市绿化事业的发展，改善生态环境，美化生活环境，增进人民身心健康
1995 年	国家环境保护总局在全国组织开展生态示范区建设	加快生态建设的步伐，实施可持续发展战略，促进区域经济社会与环境保护协同发展
2000 年	住房与城乡建设部制订并颁发了《创建国家园林城市实施方案》和《国家园林城市标准》	以提高城市生态环境质量为目标，调动全社会力量参与城市园林绿化建设，创建国家园林城市，实施城市可持续发展和生物多样性保护行动计划，不断提高城市规划、建设和管理水平，促进经济、社会发展
2001 年 2 月	国务院在北京召开了全国城市绿化工作会议	城市绿化要以加强城市生态环境建设，创造良好的人居环境，促进城市可持续发展为中心

续表

时间	事件	目标要求
2003年5月28日	中国可持续发展林业战略研究	核心是：生态建设，生态安全，生态文明
2003年6月25日	中共中央、国务院发布的《关于加快林业发展的决定》	城市绿化要把美化环境与增强生态功能结合起来，逐步提高建设水平
2004年	全国绿化委员会、国家林业局启动了"国家森林城市"评定程序，并制定了《"国家森林城市"评价指标》和《"国家森林城市"申报办法》	创建"国家森林城市"是坚持科学发展观、构建和谐社会、体现以人为本，全面推进我国城市走生产发展、生活富裕、生态良好发展道路的重要途径，是加强城市生态建设，创造良好人居环境，弘扬城市绿色文明，提升城市品位，促进人与自然和谐，构建和谐城市的重要载体
2004年11月18日	首届中国城市森林论坛在贵阳市召开	论坛的主题是"城市·森林·生态"
2005年8月23~24日	第二届中国城市森林论坛在辽宁省沈阳市召开	本届论坛的宗旨是"加快城市森林建设，努力构建和谐社会"
2006年10月21~22日	第三届中国城市森林论坛在湖南省长沙市举行	论坛主题是"绿色·城市·文化"
2007年5月9~10日	第四届中国城市森林论坛在四川省成都市举行	论坛主题是"科学发展·和谐城乡"
2007年10月	党的十七大作出了建设生态文明的重大战略决策	提出到2020年将我国建设成为生态环境良好的国家
2008年11月17~18日	第五届中国城市森林论坛在广东省广州市举办	论坛主题是"城市森林·生态文明"
2009年5月7~8日	第六届中国城市森林论坛在浙江省杭州市举办	论坛主题是"城市森林 品质生活"
2010年4月27~28日	第七届中国森林城市论坛在湖北省武汉市举办	论坛主题是"城市森林、低碳城市、两型社会"
2011年6月18日	第八届中国城市森林论坛在辽宁省大连市举办	论坛主题是"城市森林、绿色经济、幸福家园"
2011~2020年	我国实施《全国林地保护利用规划纲要》和《全国造林绿化规划纲要》	坚持"生态型、节约型、功能型"的城乡造林绿化发展方向，合理规划城乡绿地，加强城镇周边的林（草）植被保护，扎实推进城乡绿化工作，不断提高城乡绿地系统分布的均衡性，完善城乡绿地系统防灾避险、科普教育、文化艺术、休闲游憩、节能减排等综合功能，改善人居环境

续表

时间	事件	目标要求
2012年7月9日	第九届中国城市森林论坛在内蒙古自治区呼伦贝尔市开幕	本届论坛以"城市森林·绿色增长·美丽发展"为主题
2012年月21日	全国林业厅局长会议在福建省长汀召开	提出林业转型升级的核心有两条,一条是改善生态;另一条是改善民生
2012年11月8日	中国共产党第十八次全国代表大会在北京召开	面对资源约束趋紧、环境污染严重、生态系统退化的严峻形势,把生态文明建设纳入"五位一体"总布局
2013年9月6日	国家林业局印发《推进生态文明建设规划纲要》	开展城市林业建设行动,通过创建森林城市,增加城市绿色元素,绿化、美化、净化城市环境,打造宜居城市,提升人民生活品质,保障城镇化绿色发展
2013年9月24日	中国城市森林建设座谈会在江苏省南京市举行	本次会议以"城市森林·生态文明·美丽中国"为主题,把发展城市森林作为建设生态文明和美丽中国的重要工程,作为发展生态林业和民生林业的重要内容,作为提升城镇化水平和质量的强大动力
2013年11月12日	《中共中央关于全面深化改革若干重大问题的决定》通过	建设生态文明,必须建立系统完整的生态文明制度体系,实行最严格的源头保护制度、损害赔偿制度、责任追究制度,完善环境治理和生态修复制度,用制度保护生态环境
2014年9月25日	2014中国城市森林建设座谈会在山东省淄博市举行	本次座谈会以"城市森林·民生福祉·美好家园"为主题

总之,纵观我国城市森林发展的历史可以看出,我国围绕对城市森林的需求进行着不断的治理,这种治理是从单一主体到多元主体,从粗放到科学,从美化城市环境到增强生态功能到建设城市文明的历史治理进程。根据我国城市森林的实践进程可以得知,我国的城市森林治理也要求进行城市森林的政府统一领导、部门协同、发挥非政府作用、全民共建共享的协同治理,但在实际中存在着许多问题,如协而不同或协而不深。一定程度上影响了我国城市森林的发展。迫切改变存在问题,实现我国城市森林多主体协同治理,成为时代、城市森林治理系统、城市森林各治理主体的诉求。

2.2 我国城市森林的发展现状

反映城市森林建设发展的水平主要体现在城市绿地面积、城市公园绿地面积、公园个数、公园面积、人均公园绿地面积、建成区绿化覆盖率、森林覆盖率等指标上。我国城市森林发展状况可从这些指标的纵横向比较中得到答案。

2.2.1 纵向比较——发展快

若从1989年中国林科院开始研究国外城市林业发展状况，首先将"城市森林"的概念引入中国大陆（彭镇华，2003a，2003b），以此为起点，我国城市林业进入了引进、发展的新阶段算起，中国城市森林建设与发展已经有20多年了，20多年来的基本情况如下（表2-2）。

表2-2 1990~2013年中国城市绿地和园林基本概况

指标	1990年	2004年	2006年	2013年
城市绿地面积/万 hm^2	47.5	132.19	132.12	242.72
城市公园绿地面积/万 hm^2	—	25.23	30.95	54.74
公园个数/个	1 970	6 427	6 908	12 401
公园面积/万 hm^2	3.9	13.38	20.81	32.98
人均公园绿地面积/（m^2/人）	1.8	7.39	8.30	12.64
建成区绿化覆盖率/%	—	—	35.1	39.7

数据来源：国家统计局1990、2004、2006、2013中国统计年鉴；李吉跃和刘德良，2007

从表2-2可以看出，1990~2013年城市绿地面积、公园个数、公园面积、人均公园绿地面积分别增长了5.1倍、6.29倍、8.45倍、7倍；若从2004年我国启动"国家森林城市"评选算起，2004~2013年10年间，城市绿地面积、城市公园绿地面积、公园个数、公园面积、人均公园绿地面积分别增长了1.83倍、2.16倍、1.92倍、2.46倍、1.7倍；若从国家统计局2006年公布建成区绿化覆盖率指标数值起到2013年，增长了4.6个百分点。可见中国城市森林发展进程快。并且，值得注意的是，这种发展是在我国城市化率从1990年的26.41%快速增长到2013年的53.70%的情况下进行的（图2-1），得之不易。

第 2 章 | 我国城市森林多主体协同治理现实诉求研究

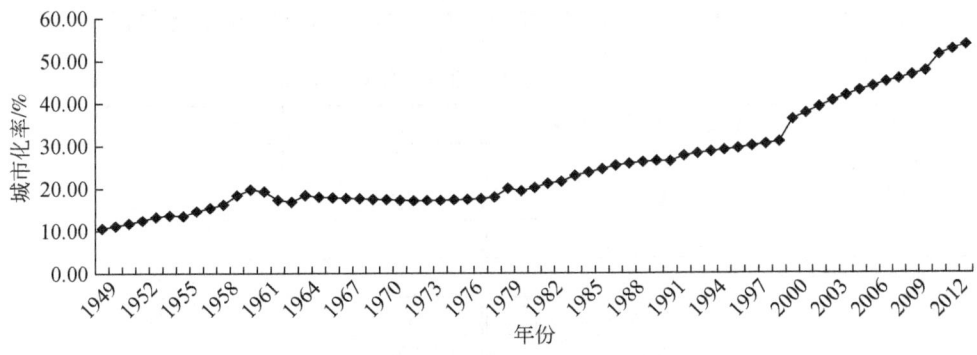

图 2-1　1949~2013 年中国城市化进程

数据来源：国家统计局

2.2.2　横向比较——差异大

虽然纵向比较我国城市森林取得了大发展，但是横向相比，无论是与世界城市森林先进城市比较还是国内相同城市间相比，这种差距是巨大的。例如，以世界比较发达部分国家的大城市森林发展情况与我国部分特大城市的城市森林覆盖率相比（表 2-3），两者城市森林平均覆盖率相差 14.9%。除了数量上差距大外，在质量上我国城市森林也存在着建设标准（指标）低、城市森林绿地的系统性差、城市森林结构不尽合理等问题（李吉跃和刘德良，2007）。

表 2-3　国内外主要城市森林覆盖率

国外城市	森林覆盖率/%	国内城市	森林覆盖率/%
新加坡	75	北京	40.1
华盛顿	35	天津	48
华沙	73.5	上海	13.1
维也纳	52	重庆	42.1
莫斯科	45	广州	42
柏林	42	深圳	41.5
斯德哥尔摩	66	武汉	27.4
西雅图	23	成都	37.8
平均	51.4	平均	36.5

数据来源：城市森林管理计划；各市 2013 年国民经济和社会发展统计公报

再如，基本上代表中国城市森林建设先进水平的 19 个城市（4 个直辖市、15 个副省级城市）建成区的绿化覆盖率来看（表 2-4），国内城市之间也存在着差异，建成区绿化覆盖率最高的北京比19个城市中最低的长春高23.9%，差异巨大。

表2-4 2013年主要城市建成区绿化覆盖率

国内城市	建成区绿化覆盖率/%	国内城市	建成区绿化覆盖率/%
北京	51.1	杭州	40.3
深圳	45.1	成都	40.2
大连	44.7	济南	39
青岛	44.7	武汉	38.9
南京	44.6	上海	38.4
沈阳	42.2	宁波	38.3
西安	42.2	哈尔滨	36.1
厦门	41.8	天津	35.4
重庆	41.7	长春	27.2
广州	41	平均	36.3

数据来源：中国城市统计年鉴，2014

总之，迫切改变协而不同、协而不深等问题，实现我国城市森林多主体协同治理，促进我国城市森林的科学发展，成为时代、城市森林治理系统、城市森林各治理主体的诉求。

2.3 我国城市森林多主体协同治理的现实诉求

2.3.1 宏观诉求

2.3.1.1 我国城市生态问题突出

城市作为人口高度聚集的人类聚居地。以其人口高度集中，以非农业活动为主，作为一个地区政治、经济、文化和对外交往的中心为基本特征。在最近几十年，全球的城市化率都得到加强。联合国2010年指出，现在超过一半的人口居住在城市中，其中有超过10%的人生活在千万人口级甚至更大的城市。预计，到2050年居住在城市里的人口将接近世界人口的75%（American Forests，美国森林网）。1978年以后改革开放30多年来，中国的城市化进程也逐渐进入了快车道（图2-1）。1978～2013年的35年，中国的城市化率增长了35.78%，年均增长3.19%，增长速度惊人（刘利兰，2002）。我国作为城市化后进国家，没能避免发达国家城市化初期的覆辙，城市化在带来巨大效益、推动社会进步、创造并使人类享受城市文明的同时，也成为环境污染、生态赤字和社会混乱的源和流。城市环境日趋恶化,"污染程度逐渐超过环境耐受上限,已经到了不得不治的地步"(王伟,2013)。

概括地说,中国的城市生态问题主要表现在城市的环境污染和气候变化。

城市的气候变化(热岛效应)。城市高楼大厦改变了城市景观反射和热力性质,造成烟雾聚集,再加之城市建筑密度大,通风不良,不利于热量向外扩散等原因,造成在城市核心区的温度比周边地区较高的"城市热岛"(urban heat island)效应的形成。同时为降温而过多的能量消耗也加剧了这种效应。使城市上空经常维持一个高于四周郊区的暖空气团。

城市空气污染。城市大气污染成为当前高度关注的问题。主要污染源是煤烟型污染、工业废气和城市机动车尾气。其污染物主要包括固体悬浮颗粒、一氧化碳、二氧化硫等有害气体,严重影响着居民的身体健康。尤其是近几年霾现象日趋严重。2013 年,全国 74 个城市按照新标准开展监测,仅海口、舟山和拉萨 3 个城市空气质量达标,占 4.1%;超标城市比例为 95.9%(环境保护部,2013)。

城市水资源污染。我国人均水资源拥有量只有世界平均水平的 1/4。重要的淡水资源更是严重缺乏,人均淡水资源占有量只有 2600m^3,远远低于 5000m^3 的世界平均水平。目前,全国 600 多个城市中有 2/3 供水不足,其中 1/6 严重缺水。缺水严重影响人民生活和工农业生产。地下水是其重要的供水水源,但目前许多城市的地下水资源的超采,城市生活、生产污水虽然经过处理但仍有 1/2 达不到国家规定的排放标准排放,排放到水中的污染物远超过水体的自净能力,造成地下水和土壤污染,破坏了水体的自然环境。受到污染的地下水正侵蚀着每个人的健康。城市停车场、道路和建筑物的不透水设计使雨水带其相关的污染物,直接进入城市河流。城市雨水管道、排水沟等建造增加雨水的流速,并减少滞留和居住在城市的溪流和河流的时间,加剧了城市的水污染。

城市垃圾污染。目前,城市垃圾越来越多,2013 年,全国设市城市生活垃圾清运量为 1.73 亿 t(环境保护部,2013),已成为城市环境建设和人类生活最严重的公害。由于我国目前垃圾废物的处理和利用能力低下,无害化处理率仅为 89.0%,或随意堆放,致使许多城市都处在垃圾的包围中。这些城市生活垃圾长期露天堆放,其有害成分通过地表和雨水的冲刷、渗透,向四周土壤空隙和水源地扩散,对土壤、大气、水体产生污染。

城市噪声污染。普遍超标噪声扰民已成为城市一大公害。主要有交通噪声、工业噪声、施工噪声、生活噪声和其他噪声。55 分贝以下的为良好,55~57 分贝的为轻度污染,57~60 分贝的为中等污染,60 分贝以上的污染严重。对 113 个城市环保重点城市进行了昼间监测,道路交通噪声平均等效声级为 62.0~69.8 分贝(A),属于污染严重。道路交通噪声强度为一级和二级的城市比例为 100%(环境保护部,2013)。

另外还体现在如用地紧张、清洁空气稀少等自然资源的耗竭与短缺,以及城市生活的高压力、快节奏、强竞争性导致的心理失衡、情绪压抑、性格变态、群体意识淡漠等大量社会问题。

总之,今天的城市生态问题,威胁着人们的身体健康和生命安全,也威胁着政府的治理能力和公信力,不断演变出现城市公众的环境抗争,纠纷和抗争成为常态,不仅是局部问题,而且已演变成了一场场公共危机。危机解决的重要途径转向了城市森林。

2.3.1.2 城市森林是改善我国城市生态问题的重要途径

面对城市的生态问题,世界各国都在探寻缓解和改善渠道。美国总统可持续发展委员会确定将城市森林作为贯彻城市可持续发展的必需组成部分[①]。因为城市森林的建设与发展能将城市水域、湿地、森林、野生动物的栖息地形成互联网络,形成市民需要的绿道、公园和其他绿色开放空间,有利于本地物种发展,保持空气和水资源,改善环境、节约能源,促进经济绿色发展,为公众提供公平的生态福利等。进行植树造林绿化生物措施成为最有效最简便的方法。以树木花草建立一个完善的、多功能的良性循环的城乡人工生态环境,一方面缓冲由于大规模的建造以及生产过程造成的环境恶化和生态灾难,另一方面又以丰富的植物群落形成清洁优美的环境。同时这个系统将更有力地支持城市物流、能流、信息流、价值流、人流,使之更为通畅,它与城市各组成部分之间的功能耦合关系将更为细密,生态合理的城市绿地系统将使城市系统运行更加高效和谐(王如松等,2001)。不同于传统的城市灰色基础设施如管道、建筑和公路建设,城市森林意味着低成本投入长期获益,是解决城市问题的创新性战略和方法(美国森林网)。城市森林具有以成本效益的方式来解决城市面临的一些昂贵的问题。

澳大利亚格里菲斯大学(Roy et al.,2012)全面梳理了国外对城市林业的主体——城市树木的研究,指出城市树木已被证明能为人们提供多样化的生态服务功能(表2-5)。

表2-5 城市森林的生态服务功能

生态服务功能方面	具体内容
碳相关生态系统服务	碳的存储/封存
空气质量相关的生态系统服务	制造氧气
	过滤空气
	去除臭氧

---

① Caldwell J, Cruz-Ortiz C, Dsouza C, et al. Supporting urban green infrastructure. http://ec.europa.eu/environment/nature/ecosystems/index_en.htm.

续表

生态服务功能方面	具体内容
空气质量相关的生态系统服务	去除一氧化碳
	去除二氧化硫
	除去二氧化氮
	降低空气颗粒物和悬浮颗粒
	除尘
	减少烟雾
	减少二氧化碳排放量
风暴与水相关的生态系统服务	减少雨水径流
	减少洪水损害
	提高水质
	回灌补充地下水
能源相关的生态服务系统	减少每年能源的使用
	减少季节制冷能源费用
	减少发电厂二氧化碳排放
环境与生态系统服务	为野生动物提供栖息地
	加强生物多样性
	城市生态系统更加稳定
噪声相关的生态系统服务	降低噪声
	减少明显的响度
微气候相关的生态系统服务	遮荫
	减少太阳辐射
	调节小气候
	降低相对湿度
	降低空气温度
	减少热岛效应
	减少眩光和反射
	控制风

除此之外，还有社会、经济、健康、视觉和审美效益。社会效益包括使城市环境更适于生活、工作和休闲，提供城市中的自然环境，提高城市生活的质量，促进城市的环境责任和伦理，提高社区意识、社区认同及自尊意识等；经济效益

包括节省燃料消费，提高土地、财产、租赁等价值，增加财产税收、旅游收费和商务活动，促进城市经济活力，提高城市投资回报，缓解城市核心区低收入人群的生活困难，减少消除城市空气污染的花费，减少洪水对基础设施的破坏，节省供暖和降暑以及用电成本，避免新能源的投资，提高潜在的碳汇交易等；健康效益体现在具有树木景观的医院能够减少并发症及加快康复，城市树木能为人们减少压力，提供放松的心理状态，避免早产儿死亡，减少呼吸系统疾病人数等；视觉和美学效益有提供地方识别、通过突出季节变换提高季节收益，提高景观质量、提高隐秘性等（表2-6）。

表2-6 城市森林的社会、经济、健康、视觉与审美效益

效益类别	具体内容
社会效益	使城市环境更适合生活、工作和休闲
	提供大量户外休闲/娱乐机会
	让城市贴近自然
	提高城市生活质量
	促进环境责任和理念
	建立更强的社区观念
	加强社会群体的社会责任感和自我意识
	通过提供相关设施加强精神文明建设
	让城市里的孩子有机会体会大自然
经济效益	大大节省燃料开支
	提高土地价值
	提高资产价值
	提高租金价格
	提高周边地产价值
	降低在市场出售财产的时间
	提高财产税
	增加旅游收入
	增加商业活动
	为城市经济活力做贡献
	提高市政投资的年收益
	缓和市内低收入群体的生活压力
	降低治理城市空气污染费用
	减少城市雨水基础设施投入

续表

效益类别	具体内容
经济效益	节省每年的制冷和供热费用
	降低电力成本
	避免在电力方向更多的投资
	提供未来碳潜能
	贸易补偿
健康效益	有窗户看到树景的医院病人并发症少，恢复快
	减轻压力
	提高机体保障
	营造宽松的心理状态
	避免过早死亡
	避免因空气质量患病
视觉与审美效益	提高地域感和身份认同感
	通过突出季节感创造不同季节的兴趣活动
	提高景区质量
	提供更多隐私

由此可见，城市森林所具有的功能、效益是针对性地解决城市生态问题的重要途径和措施。因此，城市森林建设成为各级政府的自觉行动。国家林业局2013年发布了《推进生态文明建设规划纲要》要求通过大力开展森林城市创建活动和积极推进绿色城镇化，实施城市林业建设行动，确定发展目标为我国城市建成区绿化覆盖率2015达到39%，2020年达到50%。根据费世民等（2010）对我国21个城市的统计，城市森林覆盖率在5.5%~48.5%，平均水平仅达到31.03%。宏观上要求集聚各方力量，科学的治理城市森林。

2.3.2　中观诉求

有学者对我国城市森林多主体协同治理问题进行了中观层面的研究。例如，崔立明和刘红梅（2009）认为目前存在的问题是现有城市森林的维护和持续发展难以保障、城市规划与城市森林建设脱节、城市森林结构不合理、经营粗放，管理不善。在城市森林资源和经营管理方面未形成一套符合城市森林特色的法规和法令，另外由于城市森林涉及林业、园林、环保、城建、土地等多个部门，在产权、经营管理权属的划分关系及职能协调上尚存在一些问题，也造成了城市森林管理不善，粗放经营的局面。古琳和王成（2011）研究认为，中国城市森林在经营中存在着未充分贯彻可持续经营理念、城市森林保障措施薄弱、城市森林管理机制不健全等问题。周晓芳和吕勇（2010）研究了长株潭城市群城市森林建设存在的问题，行政分治依旧、城市森林建设尚未形成合力、城市森林公共财政投入不足、生态效益补偿标准明显偏低、城市森林发展不够均衡等问题。具体到城市森林多主体协同治理，现有的城市森林协同治理存在的主要问题如下。

(1) 治理主体缺位

城市森林的治理主体应是多元的。但由于中国长期以来实行高度集中的计划经济体制的惯性以及中国"大政府小社会"的治理结构，使得在城市森林的治理主体中政府单大、企业附属、民间组织力量弱小、社会公众参与不高，存在明显的治理主体缺位。政府从事了城市森林的规划、建设、管理和服务的全过程，其行政管理职能和城市森林资源资产所有权管理职能不分。即便有城市林业企业参与城市森林的运营，也是隶属于城市森林主管部门的企业（如城市森林的养护公司），不能充分地发挥市场的作用，既造成同行业中的不同性质的企业难以进行平等竞争，又使国有城市森林企业无法自我约束，也造成政府组织庞大、人事成本居高不下、资金缺乏、效率低下等问题。而民间组织由于优秀人才不多、资金匮乏，独立性差，大多是受政府资助或由原来政府协会等改变而来，力量弱小。民间组织在城市森林绿地建设中宣传力度不够、活动开展不深入，难以获得公众的认同。而广大的社会公众由于中国公民社会发展缓慢，公众对公共事务的参与明显不足。在城市森林建设过程中，大多数公众可能会因为缺乏对城市森林绿地建设的了解而视情况再决定如何参与，思想上表现为"大家怎么想，我也怎么想"，行为上表现为"大家怎么做，我也怎么做"，典型的"看别人"式的从众心理在左右公众参与城市森林建设的认知和实践（郭艳茹，2013）。以上原因使城市森林的治理主体长期存在缺位。

(2) 治理目标分散

治理目标决定治理的方向，应是高度集中的。城市森林首要的是发挥其生态效益。建设城市森林首先要以效益的实现为建设目的。但长期以来，城市的"唯GDP论"，使城市林业被作为经济部门，大力发展经济成为目标；在"唯政绩论"时，我国城市森林主要强调视觉效果，无论在植物选择、模式配置等建设环节上，还是在日常管护管理方式等方面上都突出了这种理念，并且主要集中的城市核心区，对生态功能注意得不够。在生态压力增长很快且逼近阈值，环境问题接踵而至、矛盾尖锐化时，才开始注重城市森林的生态效益目标。

(3) 治理信息不对称

信息协同是治理协同的基础。但长期以来治理信息存在不对称。区域各自封闭，各成员单位各自为政造成信息的鸿沟，主要体现在城市政府和其他治理主体之间。政府在信息传递的线路中往往处于主导地位，而企业和社会组织、社会公众处于被动地位，交流渠道存在着单向、不确定、不畅通、浮于形式等问题。造成信息共享和业务协同程度低，新技术应用支撑能力不足，感知体系不完善，数字鸿沟依然悬殊（国家林业局，2013）。

(4) 治理模式单一

治理模式对城市森林发展起着重要的促进作用。但长期以来城市森林的治理模式单一，主要采用科层制协同模式。梳理中国森林城市的创建可以看出，各大城市在进行城市森林的建设时基本采用党委政府强势推动的模式。这种模式主要通过作出创建国家森林城市的决定，制定一个规划，成立领导班子，召开动员部署大会，建立检查考核制度，促进形成全市上下联动的城市森林建设格局。

(5) 治理机制不完善

治理机制对城市森林发展起着重要的保障作用。但长期以来，中国城市森林的治理机制不完善，表现为协同治理提供基础、条件、动力的运行机制的不完善和在治理过程中及时对制度缺失、价值失衡、利益诉求、矛盾冲突进行处理的保障机制的不完善。

(6) 治理效率不高

治理效率体现在城市森林的科学建设，治理客体的发展程度以及城市森林效益的实现上。例如，在城市森林的科学建设上，近年来，有些地方为追求城市快速绿化效果，购买移栽大树进城，不仅不增加森林碳汇效应，而且还破坏森林资源，造成了巨大的环境破坏和资金浪费。在城市森林的治理客体森林发展上，依然差距巨大，目前全国森林覆盖率仅为21.63%，居全球第139位；人均森林面积不足世界的1/4，人均森林蓄积量只有世界的1/7。森林资源总量不足，分布不均，结构不合理，质量不高，整体生态功能较弱（国家林业局生态监测评估中心，2014）。在城市森林生态效益的实现上，2013年的美丽中国城市报告显示，28个省会和副省级城市综合建设水平得分总体不高，表明作为中国的主要和核心城市的整体建设水平有待进一步提高（四川大学"美丽中国"研究所，2014）。

以上这些问题也迫切要求实现治理主体的到位，进行多主体协同治理，形成有机的城市森林多主体协同治理系统，使城市森林多主体协同治理与当前城市森林发展相匹配。

2.3.3 微观诉求

城市森林建设与发展作为城市绿色基础设施建设的重要内容，单纯发挥某一治理主体的力量，主要有3种情况，一是"利维坦"（托马斯·霍布斯，1985）方案——强调政府对公共事物的管制，单纯发挥城市政府力量治理城市森林；二是私有化方案——充分相信市场的力量，单纯发挥城市林业企业力量治理城市森林；三是自主治理方案——强调自主组织对公共事务治理，单纯发挥民间组织或城市市民的志愿作用治理城市森林。但是实践证明，作为"唯一"的治理主体都存在"失灵"现象。

2.3.3.1 城市政府作为"唯一"主体治理的"政府失灵"

城市森林以城市政府为"唯一"主体，也就是城市森林的一切事务"政府包办"治理。这种治理的表现是政府独大的确定城市森林的规划，确定城市森林的建设目标，投入城市森林的建设资金，实行工程化建设、项目化推进，实现短期效应。这种治理在实践中越来越显现出其弊端，主要如下。

（1）简单的办事逻辑引起质疑冲突不断

城市政府一元主导的城市森林建设，通常运用简单的办事逻辑，即在一段时期内确定一个城市森林建设的行动目标，划分行动实现的步骤，运用一种基本的办事程序，采用一套评价体系，采取运动式推进。对于政府来说，越是遵从一种简单的逻辑，就越容易将行政意愿转化为实质的行政行为，这是应该被理解的——目标一致、行动一致，显然有利于质量与效率的实现（刘玉民，2008）。但是在实际当中，这种简单的逻辑很容易导致具体行动的简单化，引起对城市环境高度关注的其他利益相关者的质疑与冲突，甚至对抗。这样就产生了政府的施政意愿与民众抱怨的不匹配。政府本意希望"让森林走进城市，让城市拥抱森林"，建设一座美丽的森林城市，而偏偏有人质疑建设森林城市的动机，认为还有更重要的城市建设需要进行；政府本意为建设城市森林而进行了大量的资金投入，而民众偏偏质疑这样使用资金是否经过了合法程序；政府本意提升城市公共绿地绿化层次，而民众偏偏质疑这样的提升损害了我的"乡愁"，如此等等。政府的行动是善意的、进取的，但这种单向的办事逻辑可能引起在具体行动上的偏差，不但没有很好地满足多样的具体需求，还部分增加了政府的执政难度。

（2）时而造成越位、缺位

城市森林作为公共物品，城市市民的生态福利，政府有义务负责维护这种公共利益。但是在实际落实中又没有一个具体可操作的界定标准。而政府有较大的自由裁量权和执行力，在维护公众利益当中杂入非公共利益的因素，甚至有时干脆就是非公共利益披上公共利益的外衣。政府权力溢出公共事务的边界而侵入私权领域，出现执行中的权力越位。同时由于城市政府包办一切，他又承担着大量的管理任务，有许多硬性绩效指标需要完成，同时自上而下的组织机构使得政府愿意对上负责，更注重易出政绩的工作项目，而城市森林的建设与养护，需"十年树木"，短期难以见效，就不得不退居次要地位，造成服务的缺位。

（3）容易出现失误和低效

城市政府独大缺乏制衡的力量，容易受惯性影响出现失误，如近年来为早日显现城市森林建设成效采取大树进城，由于被移植后其可塑性、适应性较低，加上树体受损严重，往往生长不良，甚至死亡。成活下来的，生命力也大打折扣，寿命明显缩短。同时非法移植大树古树浪费人力、财力、物力。"大树进城"暴露的是铺张浪费的作风和急功近利的心态，折射的是爱做表面文章、好搞"形象工程"的扭曲政绩观。同时，顾仲阳（2014）认为还有自身决策的失误及不科学，在这种情况下，对政府资源的运用上则是低效的。由于资源有限造成城市森林建设与养护监督不到位，建设资金在链条的中间环节上被剥蚀，运营效率低下，投入缺乏经济观念，不注重成本，不讲究投入与产出的效益，存在成本高、效率低、浪费严重、财力不足等问题，服务质量也不高，造成更大的浪费。

2.3.3.2 城市林业企业作为"唯一"主体治理的"市场失灵"

以市场化城市林业企业为"唯一"主体治理城市森林也就是城市森林供给的"完全市场化。"市场化的主体是企业，在此种情况下，从市场经济发展的角度出发，从有效配置资源角度，通过选择和利用在城市森林建设与管理中具有优势的专业公司，进行城市森林的建设与养护，达到城市森林开发与建设的目的，这就是城市森林的市场化治理。

这种治理的优势在于：市场通常是组织经济活动的一种好方法，而事实也证明市场经济能够以更有效率的方式促进整个社会经济福利的提高。私人企业能够比政府更有效地提供公共产品充分发挥和利用了专业公司的融资能力和管理能力，做到了城市森林发展的专业化。有利于增加竞争，高效配置资源，提高效率，节省成本，减少政府资金压力。

这种治理的"失灵"在于：

1）相对而言，政府没有城市森林的所有权和经营权，无法保证城市森林的生态功能定位。

2）城市森林作为具有非排他性和非竞争性特征，具有公共产品的性质，采取市场化方式，把提供部分公共产品的职能从政府转到城市林业企业中去，林业企业在市场机制下，为了追求利益最大化，可能会投机取巧，忽视质量，从而损害公众的利益。

3）城市森林建设投资大，没有好的生态补偿机制，企业短期行为，投资将难以为继，投融资压力大，企业投资环境不足。

总之，城市森林实行市场化，完全交给私营机构或实行市场化，不仅存在技术方面的问题,更是一个"政治问题",即通常所说的"市场失灵"。

2.3.3.3 城市民间组织或市民作为"唯一"主体自主治理的"志愿失灵"

自主治理如埃莉诺·奥斯特罗姆教授指出,一群相互依赖的委托人如何把自己组织起来进行自治,从而能够在所有人都面对搭便车、规避责任或其他机会主义行为诱惑的情况下取得持久的共同收益单的模式(埃莉诺·奥斯特罗姆,2000)。这种自主治理一是通过城市居民自治,二是这种自主治理往往通过非营利组织进行。但长期以来,由于缺少居民自治的传统影响等原因,城市森林的自主治理出现"志愿失灵"的现象。其具体情况如下。

在城市居民自治方面:城市森林的建设大多在公共区域及城市道旁,离居民居住地等有距离,居民也就缺乏参与自治的明确动机;在自治组织方面,如有居民会议及居民委员会,但作为政府的派出机关,与政府有依附的关系,自治功能大打折扣;在自治制度方面,难以形成有效的自治规则;在自治知识方面,自治的知识缺乏,也缺少主动获取的意识和行动,往往是被动接受的。所以城市居民能组织起来参与城市森林的深度治理行动很少,有的如义务植树等活动也少而分散,难以产生大的实效。

在城市森林的非营利组织方面:不论从整体规模,还是非营利部门的运行规范性、内部机制建设等方面来说,我国非营利组织的发展只是处于比较初级的阶段(曹现强和侯春飞,2004)。除了由社会资金建立的之外,还有相当一部分是从政府职能部门转变而来或是由政府机构直接建立,在整体发展上呈现出一种不规范性和官方色彩浓厚的倾向,在很大程度上依旧是作为政府的附属性机构发挥作用,自主治理能力的不足。而且在我国当前的状况下,即使非营利组织有自我治理的条件,如果离开了党政机关的支持也很难高效的实现其目标。

总之,无论是城市市民自治还是非营利组织自治,其表现出来:一是参与动机的矛盾性。个体市民更加关注自身的利益,只愿享受城市森林带来的好处,而不愿承担城市森林治理的义务。二是参与组织的松散性。专家、市民、非营利组织在城市森林治理中具有个体、自发、随意、松散等特征,缺乏有效的组织和制度保障。三是参与方式的被动性。目前城市森林的公众参与并不是积极主动的,因为没有足够的内在环境和城市森林知识,公众和政府不是互动的关系。很多情况下,参与者只是"质询者",甚至只是"装饰品",其意见并不具备约束力。四是参与过程的间断性。城市市民和非营利组织没有机会参与城市森林决策的全过程,与政府不是连续互动的关系。五是参与的程度不高。Jean Paul Lacaze 把城市森林公众参与的过程分为四个阶段:第一阶段是通告,第二阶段是民众调查,第三阶段是分享决策权力,第四阶段是分享鉴定权。显然,我国的城市森林公众参与大多停留在第一、第二阶段(尼格尔·泰勒,2006)。

综上所述，在城市森林问题复杂和利益主体日益多元的治理中，由于政府失灵、市场失灵和志愿失灵的存在，单一主体已无法有效治理公共事务。因此，各治理主体都希望根据现代城市森林的功能和目标，选择多主体协同治理，以更好地实现自己的利益。

2.4 多主体协同治理现实诉求与治理冲突

当前，由于我国城市生态问题突出，城市森林成为广泛关注的话题。单一主体作用于城市森林有政府失灵、市场失灵和志愿失灵的存在，单一主体已无法有效治理。我国城市森林多主体协同治理的现实诉求迫切需要构建一种新的、相适应的治理系统，对城市森林进行多主体协同治理。这些现实诉求不回应，继续实行传统的城市森林治理会导致治理冲突不断。城市森林的治理冲突是指因城市森林问题而引起的治理主体之间的冲突。主要有传统城市森林治理由于治理主体缺位，在城市森林的治理中容易忽视有关治理主体的利益，形成利益冲突；治理目标分散，治理主体追求不同形成冲突；治理信息闭塞，治理主体缺乏沟通造成冲突；治理模式单一难以适应当前需要引发冲突；治理机制不完善，不能有效保障治理有序进行引起冲突；治理效率低下，引起民众合法或是否有腐败的质疑冲突。今天在城市森林的治理中确实出现了类似冲突（表2-7）。冲突产生的主要根源在于利益关照的不合理不公正。冲突事件是地方政府、城市林业企业、民间组织和受害民众四方生态需求冲突和生态伦理冲突的结果，如管理和使用城市森林资源的冲突；一治理主体限制其他治理主体活动的冲突；将某一主体排除在决策之外等都容易产生冲突（Yasmi，2007）。城市森林治理冲突有的采用极端暴力冲突方式，但大多是非暴力但往往影响城市森林的生态、经济和社会效益。需要指出的是城市森林的治理冲突虽然负面影响大，但也有引起注意采取更强集体行动的意义。

表2-7 我国城市森林治理主要冲突事件

城市	冲突事件描述
重庆	大量种植银杏树代替本土树种黄桷树引质疑（邓全伦，2012）
青岛	市民对"种树增绿"中毁草种树；海边种树，形象工程；岩石上种树成活率低；间距1~2m，过密；决策未征求市民意见等广泛质疑（黄志强，2012）
昆明	为了拓宽机动车道，让树让道，为了建房，让树让房，城市年年种树，年年都没树引起市民抗议（左学佳，2008）
南京	为迎接南京青年奥林匹克运动会，青奥村附近突击栽种名贵树种枯死引起网络围观（聂可，2014）

续表

城市	冲突事件描述
深圳	市绿色基金会发起城市绿化义捐活动，城市市民在拒绝捐款的同时，还直指政府部门绿化中的"浪费"和"不透明"现象（张西流，2012）
永州	为了争创国家园林城市，永州市城投公司负责种了大量树，却大量死亡，没人管，引起市民抗议（红网论坛，2012）
温州	总造价640余万元的瑞福家园绿化工程，水泥地上种树，广玉兰等苗木过半死亡引起其与业主冲突（人民网，2012）
临沂	河东区市容和园林管理委员会种树，因坑挖的浅，人稍微碰碰就要倒，引起市民种树还是种"数"的质疑（胡然，2012）

总之，在新一轮城市森林的快速建设过程中，传统的治理主体缺位、治理目标分散、治理信息不对称、治理模式单一、治理机制不全、治理绩效不高的治理已经不能满足和适应当下城市森林快速建设发展需要，现实迫切诉求一种新的、相适应的多主体协同治理。

第3章 我国城市森林多主体协同治理基础理论研究

3.1 相关基础理论研究

3.1.1 城市生态文明理论

3.1.1.1 城市生态文明的涵义

城市生态文明是由"城市"和"生态文明"两个概念组成。生态文明是指以人与自然、人与人、人与社会和谐共生、良性循环、全面发展、持续繁荣为基本宗旨的文化伦理形态（潘岳，2006）。从纵向看，生态文明是人类发展经历了原始文明、农业文明和工业文明后迄今为止最先进的文明形态，也是人类历史发展不可逆转的潮流。从横向来看，生态文明是与物质文明、精神文明和政治文明、社会文明并列现代社会的第五大文明领域，是协调人与自然关系的文明。它是对人类长期以来主导人类社会的物质文明的反思，是对人与自然关系历史的总结和升华。其内涵在自然观上，要求尊重自然，树立生态自然观；在价值观上，要求承认自然的价值，树立生态价值观；在生产方式上，要求转变经济发展方式，实现产业生态化；在生活方式上，要求适度消费，树立绿色消费观（廖日文和张燕妮，2011）。生态文明的构成要素主要包括生态意识文明、生态制度文明、生态行为文明、生态技术文明等方面（张立和杨宁，2013）。生态文明具有人类由自然的征服者变成自然的调节者的伦理性，维护人与自然的协调，实现社会的可持续发展性，促进人与自然、人与人和人与社会的和谐性等特征。如上所述，生态文明有多种划分标准，根据不同的划分标准可将其划分为不同类别。例如，以地域划分可分为城市生态文明和农村生态文明。城市生态文明是在城市区域的生态文明。城市生态文明定义也有广义和狭义之分。从狭义上讲，城市生态文明作为城市文明体系的一个重要内容，是相对于城市物质文明、精神文明、政治文明和社会文明而言的。从广义上讲，城市生态文明即城市生态环境文明，是指城市人们遵循人、自然、社会和谐发展的客观规律，在城市生态环境方面所取得的积极成果以及达到的进步状态的总和。

3.1.1.2 城市生态文明的地位

城市生态文明所创造的生态环境为其他如物质文明、政治文明、精神文明和社会文明的建设提供基础和根本，有健康的生态文明，才有健康的其他文明；没有良好的生态文明，人不可能有高度的物质、精神和政治享受，不可能有社会的和谐，人类自身就会陷入不可逆转的生存危机。生态文明是精神文明的重要组成部分，没有生态文明的精神文明是不完整的精神文明；生态文明是物质文明的最原始的基础，是物质文明产生和发展的基本源泉，也是物质文明持续发展的必要前提和必要选择；生态文明是政治文明发展的基础，促进政治文明建设不断完善和发展。生态文明是社会文明的重要基石，为社会文明提供环境制约和价值遵循。特别需要注意的是，各文明间相互联系、相互区别、相互促进、相互制约、共同发展。当今中国城市生态问题突出，建设生态文明具有重要而紧迫的现实意义。建设城市生态文明是缓解城市环境污染、资源短缺的必然要求，转变人们生产生活方式、提高人们生活品质的内在要求，是城市顺应人类文明进步的必然选择。

3.1.1.3 城市森林与城市生态文明

（1）城市森林是城市生态文明建设的载体

森林是地球上结构最复杂、功能最多和最稳定的陆地生态系统，被誉为大自然的"总调节器"和"地球之肺"，维持着全球的生态平衡。森林又是宝贵的自然资源，是人类生存和发展的重要物质基础。城市森林作为城市生态要素具有涵养水源、保持水土、防风固沙、抵御灾害、吸尘杀菌、净化空气、调节气温、改善气候、保护物种、保存基因、固碳释氧等强大的生态功能，以固碳释氧为例，据测算，一亩森林每天能吸收 67kg 二氧化碳，释放出 49kg 氧气，足可供 65 个成年人呼吸使用；城市居民每人需要 $10m^2$ 的林地供氧，而由长势良好的草坪提供氧气则需要 $25m^2$。还有人测算过，一棵正常生长 50 年的平原普通树种，按市场上的木材价值计算，最多不到 2000 元，但它每年创造的生产氧气、净化空气、涵养水源、调节气候等生态价值高达 120 多万元，50 年能达到 6000 多万元，而且天然林的生态功能更为强大（国家林业局科学技术司）。再例如，美国测算其城市森林有 38 亿棵，服务了全国 80% 的人口，除了资产价值 2.4 万亿美元外，还具有每年减少 784 000t 空气污染，价值 38 亿美元；碳储存 7.7 亿 t，价值 143 亿美元等巨大的生态效益。由此可见，发展城市森林不仅是城市生存发展的基石，而且在维持城市生态平衡、促进人与自然和谐、护佑人类生存与发展中具有决定性和不可替代的作用。

（2）城市生态文明促进城市森林可持续经营

城市生态文明带来的是一系列生产方式的变革，也会影响到城市森林的建设和发展，促进城市森林的可持续性经营。城市森林可持续性经营主要是指城市森林生态系统的生产力、活力、生物多样性及再生能力的整体完善，以保证有丰富的森林资源与健康的环境，满足当代和后代的需要（王兆君，2003）。具体内容应包括促进城市森林生态系统的生物多样性，这是城市森林可持续治理的基本内容；不断提高城市森林的生物量；发挥好城市森林的自维持功能；实现城市森林的生态、社会、经济效益；以及城市森林的协同治理实现等。总之，城市森林的可持续经营是城市森林协同治理的灵魂与目标。

3.1.2 公共产品理论

3.1.2.1 公共产品的含义与特征

1919年瑞典人林达尔（Lindahl）在其博士论文《公平税收》中正式提出"公共产品"一词。对于公共产品的定义与特征的最为确切完整的描述是美国著名经济学家保罗·萨缪尔森于1954年和1955年作出的，他对公共产品所作的定义是：每个人的消费不会减少任一其他人对这种物品的消费（萨缪尔森和诺德豪斯著，萧深译，1999）。这一定义成为纯粹的公共产品的经典定义。也就是说，纯粹的公共产品就是必须对所有社会成员供给同等数量的物品。有别于能够加以分割、能够分别按照竞争价格卖出，而且对其他人没有产生外部效果的私人产品。

从定义可以看出，公共产品具有非排他性和非竞争性两个基本属性，美国政治经济学家文森特·奥斯特罗姆和埃莉诺·奥斯特罗姆根据物品消费的两性，使用简单的矩阵对所有物品进行了分类（表3-1），其中私益物品是私人物品。公共池塘资源、收费物品、公益物品是公共物品。公共池塘资源（common-pool resources）是具备非排他性和竞争性的物品；俱乐部物品（club goods）是指具有非竞争性，但在一定的技术条件下，能够实现排他。

表3-1 公共产品的分类

公共产品属性		竞争性	
		分别使用	共同使用
排他性	可行	私益物品：面包、汽车等	收费物品：剧院、有线电视
	不可行	公共池塘资源：地下水	公益物品：国防、空气污染

公共产品还有下列特征：①效用的不可分割性。公共产品是不可分割的。②外部性（externality）就是指社会成员（包括组织和个人）从事经济活动时，其成本与后果不完全由该行为人承担，也即行为举动与行为后果的不一致性。或者说是指某个主体的行为对其主体产生正负影响，却没有为此而承担应有的成本费用或获得应有的报酬。

3.1.2.2 公共产品的提供

根据公共产品的定义，判定某项产品是否公共产品，通常采用公共产品非竞争性和非排他这两个特性（陈贵松，2010）。首先要看是否存在竞争性，然后看是否存在排他性。根据西方经济理论，由于纯公共产品的非排他性，难以寻求一个有用价格体系来控制其消费，表明了收费是困难的，市场机制本身难以解决，就需要政府出面提供公共产品，或者由政府的公营企业来垄断提供，弥补市场的缺陷。政府机制更适宜于从事公共产品的配置，而市场机制则更适宜从事私人产品的配置，这实际上也就划定政府与市场的理论分野。但是由于"政府失灵"或"市场失灵"存在，需要摒弃政府作为公共物品唯一提供者的观点，应根据公共物品公共性的程度及市场发育水平公民社会发展程度，选择更为有效的供给者。同样，对于混合产品，也要根据混合产品中公共产品性质或私人产品性质强弱的不同，或近似于公共产品处置，或近似于私人产品处置，或由政府和市场共同来提供。

3.1.2.3 城市森林与公共产品

整体上城市森林首要功效是生态效益，具有非竞争性和非排他性，具有纯公共产品的特性。但具体分析又有不同，根据城市森林的生态林、产业林、文化林等三大建设内容来区分（曹云，2014），生态林为片、带、网相连接，以发挥生态功能为主，主要包括山地森林、平原防护林、城区大型林地的生态林是纯公共产品，政府要在投入及建设方面发挥主导作用。产业林以提供木（竹）材、绿色森林食品、苗木花卉、林副产品为主的用材林、竹林、经果林、苗圃等，主要功能是产生经济效益，也对改善全市生态环境起着补充增强作用，具有竞争性又有排他性，符合私人产品的特性，应充分发挥市场的作用，但是这种产品又有其外在性，政府应给予一定的扶持。文化林是以改善人居环境和具有丰富文化内涵森林的总和，主要包括森林公园、名胜古迹林等，是森林文化体系的重要组成部分，附带经济功能的是准公共物品，只发挥生态和社会效益的是纯公共产品。对于准公共产品，不同于纯公共产品，因其具有排他性，故准公共产品可以引入竞争机制，可以由政府提供，也可以由私人提供，还可以是由公共部门和私人部门合作提供。从当前的城市情况来看，要使所有的生态林和部分的文化林都由政府提供有很大的困难，现实的选择可以是一部分作为公共产品提供，另一部分采用公私合作方式来提供；或者全部采用公私合作的方式，政府保持一定程度的干预。合作方式可以采用授权经营、政府参股、政府购买、经济补助等方式。

3.1.3 利益相关者博弈理论

3.1.3.1 利益相关者理论

20 世纪 60 年代以来，英美等国奉行"股东至上主义"企业经济遇到了前所未有的困难，而更多体现"利益相关者理论"思想的德国、日本等国家和地区经济却迅速崛起。这引起人们对经营企业的反思，"利益相关者"成为重要的课题，可见该理论实际上为企业利益相关者理论。1984 年弗里曼在《战略管理：利益相关者管理的分析方法》中将"利益相关者"定义为"能够影响一个组织的目标的实现，或者受到一个组织实现目标过程中受影响的所有个体和群体"。也就是不同于传统的"股东至上主义"，利益相关者理论认为，企业是"所有利益相关者之间的一系列多边契约"（Freeman，1984）。企业的所有参与者的利益至少都能被照顾到。总之利益相关者理论认为，企业的经营目标不仅是为股东服务；企业的真正所有者应是利益相关者；企业的目标不是仅仅追求股东价值最大化，而是追求包括股东在内的利益相关者的利益最大化；公司治理主体不能仅局限于股东，还应包括其他利益相关者。

对利益相关者的界定方法，Charkham（1992）按照相关群体是否与企业存在合同关系，将利益相关者分为契约型和公众型利益相关者两种。Mitchell 和 Wood（1997）于 1997 年提出米切尔评分法，按照利益相关者合法性、权利性以及紧迫性进行评分，根据分值来将企业的利益相关者分为 3 种类型：①确定型利益相关者，同时拥有合法性、权力性和紧迫性。他是企业首要关注和密切联系的对象，包括股东、雇员和顾客。②预期型利益相关者，具有 3 种属性中任意两种。同时拥有合法性和权利性，如投资者、雇员和政府部门等；有合法性和紧急性的群体，如媒体、社会组织等；同时拥有紧急性和权力性的，却没有合法性的群体，如一些政治和宗教的极端主义者、激进的社会分子，他们往往会通过一些比较暴力的手段来达到目的。③潜在型利益相关者，他们只具备 3 种属性中的其中 1 种。这种方法成为最常用方法。Wheeler（1998）从相关群体是否具备社会性以及与企业的关系是否直接由真实的人来建立两个角度，比较全面地将利益相关者分为主要的社会性利益相关者、次要的社会利益相关者、主要的非社会利益相关者、次要的非社会利益相关者 4 类，等等。今天利益相关者理论已跨出企业界被广泛地应用于经济、社会和政治领域。

3.1.3.2 博弈理论

博弈论（game theory），冯·诺伊曼与奥斯卡·摩根斯特恩在1944年合著《博弈论与经济行为》，标志博弈论的初步形成。竞争或对抗性的行为被称为博弈行为。在这种类型的行为中，参与各方各有不同的目标或利益。为了实现自己的目标和利益，各方必须考虑对手所有可能行动方案，去选择对己获取最佳利益或最合理的方案。常用作决策主体行为研究。博弈按不同的标准有不同的分类。按博弈各方间有没有约束力的协议，可以分为非合作博弈和合作博弈。如果是这样，是合作博弈；如果没有，是一种非合作博弈。从行为的时间序列，博弈论进一步分为两类：静态博弈与动态博弈。前者参与各方同时选择或虽非同时选择但后行动者并不知道先行动者采取了什么具体行动；后者参与各方行动有先后顺序，且后行动者能够观察到先行动者所选择的行动。根据参与者对其他参与者的了解分为完全信息和不完全信息博弈。目前经济学家现在所谈的博弈论一般是指非合作博弈，由于合作博弈论比非合作博弈论复杂，在理论上的成熟度远远不如非合作博弈论。非合作博弈又分为：完全信息静态博弈，完全信息动态博弈，不完全信息静态博弈，不完全信息动态博弈。与上述4种博弈相对应的均衡概念为纳什均衡、子博弈精炼纳什均衡、贝叶斯纳什均衡、精炼贝叶斯纳什均衡。一个完整的博弈包括以下几个基本要素：参与者、行动、信息、策略、支付函数、结果与均衡。其余主要观点有：如果某情况下无一参与者可以通过独自行动而增加收益，则此策略组合被称为纳什均衡点。帕累托最优的状态就是不可能再有更多的帕累托改善的状态。零和博弈表示所有博弈方的利益之和为零或一个常数，即一方有所得，其他方必有所失。在零和博弈中，博弈各方是不合作的。非零和博弈表示在不同策略组合下各博弈方的得益之和是不确定的变量，故又称之为变和博弈。如果某些战略的选取可以使各方利益之和变大，同时又能使各方的利益得到增加，那么，就可能出现参加方相互合作的局面。因此，非零和博弈中，博弈各方存在合作的可能性。

3.1.3.3 利益相关者博弈理论与城市森林协同治理

面对城市生态问题严重，城市政府预算趋紧，市民对城市美好生活的期盼的挑战，世界城市发展的趋势是将城市森林作为应对挑战的战略选择。因此，城市森林的建设与发展受到越来越多的城市组织和个人的参与。这种参与有许多优势，它有利于决策中的信任，有利于决策的现实化，有利于对项目和问题的理解沟通，有利于集纳各种观点和利益，有利于计划及项目的最佳执行，有利于对决策的接受，有利于形成和发展社会学习。正因如此，城市森林的利益相关者变得越来越多。城市森林的治理广泛吸纳利益相关者参与，利益相关者的广泛参与也成为城市森林治理的成功之道。例如,美国在对 12 个城市森林发展最好城市调查后得出结论:没有一个城市的城市森林发展是单独依靠某一组织完成的。公共与公共、公共和私营部门以及私人的伙伴关系是实现城市森林长期目标的关键。除了依靠公民、政府、企业和非营利组织的协作没有哪个城市的城市森林取得持久的成功(美国森林网)。中国城市森林的实践也反映和显现了这一趋势。

但是城市森林的利益相关者不是简单的结合体。每一个利益相关者都有自身的利益考量。在城市森林的治理过程中充满着政府与公众、政府与企业、政府与民间组织,以及其他治理主体之间的博弈(图 3-1),通过博弈促进协同,实现利益最大化,达到帕累托最优。

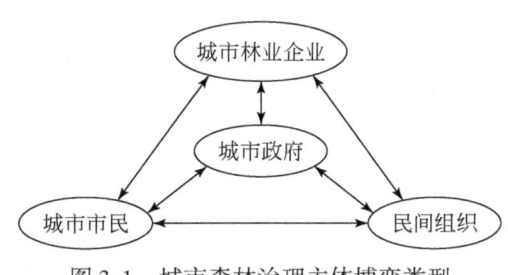

图 3-1 城市森林治理主体博弈类型

3.1.4 系统协同理论

3.1.4.1 系统理论

一般系统论(或称普通系统论)是由贝塔郎非创立的一门逻辑和数学领域的科学,其目的在于确立适用于一切系统的一般原则。他于 1948 年出版的《生命问题》一书标志着一般系统论的问世。欧文·拉兹洛和布达佩斯俱乐部发表广义进化理论以及建立《广义进化论》《广义进化论研究》等杂志,从而建立了普遍系统自组织化理论体系。艾根应用化学动力学原理提出细胞起源的生物分子超循环理论,进一步在细胞、分子层次探讨自组织系统。系统论是研究客观现实系统共同的特征、本质、原理和规律的科学。主张从整体出发,研究系统与系统、系统与组成部分以及系统与环境之间的普遍联系。系统指的是由相互联系、相互作用的要素(或部分)组成的具有一定结构和功能的有机整体;准确来说,要素+结构=系统。从系统的角度观察研究客观世界的学科,就是系统科学。系统科学主要研究系统的要素(或元素)、结构和系统的行为(性质)。

系统论的基本原理有:①自组织原理。自组织原理是一系统内部组织化的过程,通常是一开放系统,在没有外部来源引导或管理之下会自行增加其复杂性。

自组织是从最初的无序系统中各部分之间的局部相互作用，产生某种全局有序或协调的形式，形成稳定结构的一种过程。这种过程是自发产生的，它不由任何中介或系统内部或外部的子系统所主导或控制，而是自行组织、自行创生、自行演化。系统只有通过自组织的自组织性作用才能形成。②整体涌现原理。若干子系统组成系统后的系统整体质。也就是通常所说的系统论的基本定律或原则——"整体大于部分之和"。③耗散结构原理。系统不断和外环境交换能量、物质和熵而维持平衡。环境与系统相互依存，又相互制约，即互塑共生。④超循环原理。系统结构具有层次，在多层次系统中，子系统是按层次划分的。高层次包含低层次，低层次隶属于高层次；高层次交融低层次，低层次服从并支持高层次。同时系统中有各种循环，而基层的循环又组成了更高层次的循环，即超循环，还可组成再高层次的超循环。系统即经循环联系把各部分连接起来。这种联系中，每一个复制单元既能指导自己的复制，又能对下一个中间物的产生提供催化帮助。

3.1.4.2 协同理论

协同论（synergetics）亦称"协同学"或"协和学"，是 20 世纪 70 年代以来在多学科研究基础上逐渐形成和发展起来的一门新兴学科，是系统科学的重要分支理论。其创立者是联邦德国斯图加特大学教授、著名物理学家哈肯（Hermann Haken）。1971 年他提出协同的概念，1976 年系统地论述了协同理论，发表了《协同学导论》，还著有《高等协同学》等。协同论主要研究远离平衡态的开放系统在与外界有物质或能量交换的情况下，如何通过自己的内部协同作用，自发地出现时间、空间和功能上的有序结构。其核心思想就是通过协同运作产生有序的系统结构，使系统因协同而增加价值。要达到协同的目标，系统内部各子系统之间以及子系统内部各要素之间就必须相互协作、相互促进甚至互为因果关系。只有在这样的相互关系之下，系统整体最终才会产生有序的结构。

协同学理论的主要内容有：①序参量。序参量就是支配系统从无序向有序发展的参量，这是该理论中最基础重要的概念。它支配系统的有序发展，是系统从无序状态向有序结构发展，或者从原来的有序结构向更高级的有序结构演化。②快变量与慢变量。协同学认为，一个系统的稳定性由两类变量决定，一类是在系统受到干扰时，总是企图使系统重新回到稳定状态，衰减得很快，称作快弛豫参量，即快变量；另一类是在系统处于稳定与非稳定的临界区时，总是力图使系统离开稳定状态走向非稳定状态，表现出一种无阻尼现象，衰减得很慢，称为慢弛豫参量，即慢变量，它就是决定系统演化发展的序参量。慢变量与快变量各自都不能独立存在，而是相互联系、相互制约、相互作用的。③伺服原理。用一句话来概括，即快变量服从慢变量，序参量支配子系统行为。其实质在于规定了临界点上系统的简化原则——"快速衰减组态被迫跟随于缓慢增长的组态",即在系统接近临界点时,慢变量不是迅速衰减,而是缓慢增长,代表系统的不稳定模;快变量以指数形式迅速衰减,代表系统的稳定模。其中,快变量大量存在,而慢变量只占少数。系统的自组织过程是系统内部稳定模和不稳定模竞争与协同。④协同效应。协同效应是指由于协同作用而产生的整体效应或集体效应。只要发现系统整体功能大于了各单个子系统功能之和,就可以断定系统因协同作用而产生了协同效应。整体功能与单个子系统功能之和的差就是协同效应强度的定量度量,这个差额也称为协同剩余,只要这种协同剩余是正数,就代表着系统产生了协同效应。任何复杂系统,当在外来能量的作用下或物质的聚集态达到某种临界值时,子系统之间就会产生协同作用。

3.1.4.3 系统协同与城市森林多主体协同治理

城市森林多主体协同治理是一个开放的系统,这个系统要不断地与外界进行物质、能量等的交换。同时它又有多个子系统组成,如治理主体子系统、治理客体子系统、治理机制子系统、治理模式子系统等。因此建构城市森林多主体协同治理主要是对其进行系统分析,测量系统的协同度,制定相关的措施,使治理体系这个系统的组成部分从无序走向有序,产生协同效应,提高协同治理能力,促进城市森林的发展,实现生态文明。

3.1.5 评价理论

关于评价方法,目前,关于系统评价的理论研究和应用十分广泛,常见的指标体系评价方法有很多,主要可以归为统计分析类型、数理理论类型、模拟仿真类型3类(表3-2)。统计分析类型主要有主成分分析法、回归分析法、层析分析法、因子分析方法等;数理理论类型有模糊综合方法、灰色关联方法、数据包络方法、集对分析方法、全局信息熵方法等;模拟仿真类型有BP神经网络、支持向量机、蒙特卡罗模拟方法等。上述评价方法都有一定的适用范围,而适用的标准取决于指标体系结构和指标数据特征。但是针对系统协同发展状态定量评价的理论研究还处于摸索阶段,国内外关于系统协同发展状态的评价方法与理论的研究成果并不多,尚未出现普遍被接受的理论与方法(王建峰,2012)。

许多方法的不足之处在于多采用主观确定权重的方法,因此权重的赋予带有严重的人为干扰,不能客观的评价指标(许良和王妍,2014)。考虑到熵权系数法可以减少传统权重确定方法带来的主观偏差,从而能够客观反映出评价指标权重的大小(张玉卓和殷国鹏,2013),本研究采用熵权理论进行测度。

表 3-2 常见指标体系评价方法

类型	方法	优点	缺点	备注
统计分析类型	主成分分析法	所确定的权重是基于数据分析而得出的，指标之间内在结构分析不受主观因素的影响，有较好的客观性	依赖于原始变量，原始变量都基本上独立，难以用少数综合的变量进行概括	把统计样本数据看作随机数据，对指标数据进行转化，所得均值、方差和协方差反映指标的规律
	回归分析法	通过对这种影响因素和产出绩效之间进行相关显著性分析，同时通过各种检验，验证有效性	对定量数据要求很高，尤其是时间序列上的数据	
	层析分析法	使用层次分析法很容易将诸多因素分出层次，逐层进行评价分析，处理上直观简便	需要通过专家打分的方式逐层确定相关要素的影响权重，主观因素对目标的评价影响很大	
	因子分析方法	每个因子将原来可能相关的各种原始变量进行数学转换，使之成为互相独立的分量，然后在对主因子计算综合评价，从而消除了指标间的相互影响	在用因子得分进行排序时要特别小心，特别是对于敏感问题，由于原始变量不同，因子的选取不同	
数理理论类型	模糊综合方法	可以根据各类型评价因素的特征，确定评价值与评价因素值之间的函数关系	需要通过专家打分的方式构成评判组，主观因素对评价有较大的影响	以数学理论和信息融合技术对评价系统进行定量描述和计算，需要已定假设条件下进行评价
	灰色关联方法	对样本含量要求不高，对数据也可计算，数据分布类型不限，因素之间变化关系是否成直线关系均可	分辨系数的选取主观性较大，比较序列曲线空间位置不同	
	数据包络分析	解决多输出类问题的能力强，且直观、客观和可比性强	要求被评价单元的数目应尽量的多，投入和产出指标尽可能的少，以避免有效单元数目过多的局面	
	集对分析方法	概念明确、计算简便和信息全面；结论可靠性和可信性强	—	
	全局信息熵方法	更具有客观性、可比性和可操作性	属性指标数据要求完备，此影响其评价结果	

续表

类型	方法	优点	缺点	备注
模拟仿真类型	BP神经网络	实现了一个从输入到输出的映射功能，且数学理论已证明它具有实现任何复杂非线性映射的功能，使它特别适合于求解内部机制复杂的问题	由于受所选取样本的数量和质量的影响，神经网络的学习能力和学习效率难以保证	借助于计算机和仿真技术，研究如何使系统的运行和人类行为和目标的一致，以此出评价结果
	支持向量机	具有泛化能力强、维数不敏感、收敛到全局最优点等特点	算法速度弱势，需要占用大量的训练时间和内容空间	
	蒙特卡罗模拟方法	具有灵活、易实现，收敛速度快以及标注差与维数独立等优点	一般不容易得到准确度较高的近似结果，误差具有概率性	

3.2 相关概念界定

3.2.1 城市森林与森林城市

"城市森林（urban forests）"一词出现在20世纪，是从北美地区开始的，Grey和Deneke在1965年把现代城市森林作为一个领域的概念或术语引入了多伦多大学。到1968年，市民娱乐和自然美景咨询委员会提交了一份年度报告给美国总统并建议，在美国森林服务创建一个城市和社区森林项目。鼓励研究城市森林问题，提供金融和技术援助，管理城市树木和联邦培训项目。我国对城市森林的研究开始于70年代末的台湾地区（王义文，1992）。例如，1978年台湾大学森林系首先开设了城市森林选修课，3年后年选课人数增至180人。台湾作为中华人民共和国的一个省，只能算作一个特例，不具有代表性（王义文，1992）。80年代末至90年代中期城市森林概念被引入大陆地区。

关于城市森林的定义美国森林协会的定义最具有代表性，在国际上影响也较大。美国森林协会将城市森林定义为"在城市内或城市周围由树木和其他植被组成的生态系统"。具体包括行道树和庭院树，以及在公园内、公共利益廊道边（public rights of way）、水系边的植被。城市森林不仅为城市提供环境、经济和社会效益，而且为鱼类和野生动物提供栖息地。因此，城市森林不仅仅是在城市里的树木，而且是构成城市生态系统关键部分的绿色基础设施（the green infrastructure）（美国森林网）。国内经过 20 多年的研究，城市森林的概念和范围基本达成共识，普遍认同了城市森林不同于传统园林与城市绿地，它是一个生态系统。从城市森林的范围来看，不仅包括市区内，并且近郊、远郊森林也应包括在其范围之内（束马兰等，2014）。

综合国内外学者对城市森林的概念的发展，本书认为城市森林是森林的一部分，主要分布在城市市区、近郊和远郊，以改善城市生态环境为主，也具有社会和经济效益，为城市生态良好提供保障、为城市绿色发展开辟空间、为新型城镇化提升品位和为城市生态文化增绿添彩，由以树木为主体的植被及其所处的人文自然环境所构成的森林生态系统。

森林城市是生态城市的一种发展模式，是指在市域面积内，形成健康稳定城市乡村一体化、林网水网路网相融合的、以森林和树木为主体的生态系统。简言之，森林城市就是指城市的森林生态系统达到一定标准的城市。其中达到国家标准的可授予国家森林城市，达到省级标准的可授予省级森林城市。因此，国家森林城市是指城市生态系统以森林植被为主体，城市生态建设实现城乡一体化发展，各项建设指标达到规定指标并经国家林业主管部门批准授牌的城市。创建森林城市是全面推进我国城市走生产发展、生活富裕、生态良好发展道路的重要途径，是加强城市生态建设，创造良好人居环境，弘扬城市绿色文明，提升城市品位，促进人与自然和谐，构建和谐城市的重要载体。可见森林城市的创建是途径和载体，可促进城市森林的发展；城市森林是实现森林城市的基础和保障，只有城市森林发展达到相关指标的城市才能成为森林城市。

3.2.2 多主体

主体（agent）的概念广泛运用于经济、计算机科学、复杂系统等领域。其概念，不同的学科有不同的定义，从语义学上讲，客体是指拥有一定资源在一个行动或过程中的参与者。从哲学上讲，主体是实践活动和认识活动的承担者，是相对于客体而言的；客体是主体实践活动和认识活动指向的对象。主体和客体是对立的，又是统一的。主体和客体不仅相互联系、相互制约、而且在一定条件下相互转化。从系统论角度讲，主体是指作为与物理环境进行交互作用、能够独立决策的主体，这些主体既可以是人，也可以是组织。从经济管理学上讲，主体是指对某件事情或组织有利益或者关注的个人、团队或者组织。因此相对于城市森林的治理，其主体可界定为与城市森林利益相关或关注城市森林发展的有资源和能力对城市森林进行积极作为或者产生影响的行动者。

长期以来，城市森林的治理主体主要由拥有公共权力的政府负责，政府是城市森林管理主要主体。虽然政府在提供公共服务方面具有不可替代的作用，但政府也替代不了其他部门的作用。随着"政府失灵"等情况的出现，今天城市森林的治理正经历从单一主体到多元主体的转变，这些主体包括公共部门、第三部门、私人部门和社会公众，其中前三类主体都是组织，而社会公众则是个人。

3.2.3 多主体协同

多主体存在必然涉及协同。协同一词来自古希腊语，有协调、协作、合作、同步等意。所谓协同，就是指协调两个或者两个以上的不同资源或者个体，协同一致地完成某一目标的过程或能力。例如，Chris Huxham（2005）将协同定义为"人们为了实现积极的目标而进行跨部门合作的所有情况"。B. Guy Peters 将协同从 5 个方面进行了定义：第一是两个或多个行动者；第二是每个行动者都是主角；第三是行动者之间有持久的关系或持续的互动；第四是每个成员提供物质或非物质的资源；第五是所有行动者分享正面产生的收益并分担责任（Peters，1998）。系统中各子系统（要素）能很好配合、协同，多种力量就能集聚成一个总力量，形成大大超越原各自功能总和的新功能。从解决问题的角度看，通过各主体交互形成的多主体系统，其解决问题的能力大于各个主体个体所具有的解决问题能力的简单相加。城市森林协同治理系统，不仅包括各治理主体的协同，还包括治理系统中各要素间的协同。总之，城市森林的多主体协同治理中的协同是多主体围绕城市森林，互换信息，提供相关资源，改变相关行为，同担责任，共享效益，最终实现共同受益，达到共同目标的集体行动过程，是多主体的协同。

3.2.4 多主体协同治理

"治理"（governance）一词来源于拉丁文和希腊文，是"掌舵"的意思。其在汉语中的意思有管理、处理、整治调理、整修、改造。治理包括服务、管理、协调、控制、安全等。用在社会科学和公共治理领域最早出现于世界银行 1989 年的一份报告，该报告在描述非洲紧张局势时使用了"危机治理"（crisis governance）。全球治理委员会（Commission on Global Governance）将治理定义为：治理是各种公共和私人机构管理其共同事务的诸多方式的总和。联合国开发计划署（United Nations Development Program，1997）将治理与不同代理人（公共的、商业的、私人的）互动联系在一起，包括公民或组织表达利益诉求以及协同不同利益的机制、过程和制度。Schimitter（2002）将治理定义为处理问题或者纠纷的方法或机制，以达成协议并通过执行协议而进行合作。Bryson（2006）等将治理定义为维持伙伴关系或协同机构运转的一系列协调或监督的行为。Gerry Stoker 认为各国学者对作为一种理论的治理已经提出了 5 种主要的观点：①治理意味着一系列来自政府但又不限于政府的社会公共机构和行为者；②治理意味着在为社会和经济问题寻求解决方案的过程中存在着界限和责任方面的模糊性；③治理明确肯定了在涉及集体行为的各个社会公共机构之间存在着权力依赖；④治理意味着参与者最终将形成一个自主的网络；⑤治理意味着办好事情的能力并不仅限于政府的权力，不仅限于政府的发号施令或运用权力（Gerry Stoker，2004）。俞可平（2014）指出统治与治理主要有5个方面的区别。其一，权力主体不同，统治的主体是单一的，就是政府或其他国家公共权力；治理的主体则是多元的，除了政府外，还包括企业组织、社会组织和居民自治组织等。其二，权力的性质不同，统治是强制性的；治理可以是强制的，但更多是协商的。其三，权力的来源不同，统治的来源就是强制性的国家法律；治理的来源除了法律外，还包括各种非国家强制的契约。其四，权力运行的向度不同，统治的权力运行是自上而下的，治理的权力运行可以是自上而下的，但更多是平行的。其五，两者作用所及的范围不同，统治所及的范围以政府权力所及领域为边界，而治理所及的范围则以公共领域为边界，后者比前者要宽广得多。

综上所述，治理是指多元主体在对权力和权利的结构和运行机制重构的基础上，为实现公共利益而进行的管理活动，包括制度、机制、行为等。其特点有：第一，主体的多样性。在传统的政府管理中政府具有权威性和法律赋予的强制力。但在治理的背景下，社会组织、企业、公民都可成为治理的主体。第二，过程的协调性。管理改变了传统公共事务管理政府独大缺乏监督，其他组织权利式微的弊端，并成彼此的合作与监督协同、制约，减少冲突，增加和谐。第三，方式的丰富性，多元主体造成了治理主体间组合的多样性，手段的多元化。第四，成果的可持续性。治理的民主化程度更高，社会满意度也更高，因此其治理成果也具有更强的可持续性。简言之，治理是为公共利益可持续性，多主体间协同多方式运作的总和。

具体到城市森林而言：①城市森林的利益相关者众多。②城市森林受复杂的自然因素的影响，如许多非本土病虫害入侵城区，威胁城市森林，也有向乡村森林扩展的危险；城市受污染率远高于农村地区，威胁人们和城市森林的健康等，迫切需要整治。同时，由于人类更多集中在城市，城市森林遭受更多的人为干扰，城市森林受到更多的社会因素的影响，如随着城市地区继续扩大，森林变得分散，毁灭了森林健康和生物多样性；城市在过去的扩张里，已经失去了许多城市森林，并且未来还会继续实质性扩张；城市社会经济发展造成环境恶化迫切需要城市森林的发展提供生态效益；城市森林的规划、建设、管理和服务等会遇到经费、土地、法律/制度、技术、体制等的障碍，如此等等问题的解决需要过程的协调性、手段的多元性。③经多方努力一方面提升现有城市森林的存量，另一方面科学建设新的城市森林，发展增量，能持续地提供生态等效益，具有成果的可持续性。因此城市森林在城市中的过程是多主体不断协同治理的过程。

3.2.5 城市森林多主体协同治理

城市森林多主体协同治理本质上是个系统。按照系统与环境之间有无能量、物质交换可分为：有交换的开放系统，有能量转换没有物质交换的封闭系统，都没有交换的孤立系统。对于城市治理，丁健认为，"所谓城市治理，就是指城市中各公共机构、私人机构与市民管理其共同事务的诸多方式的总和"。作为城市治理一部分或子系统的我国城市森林多主体协同治理，目前还没有形成一个统一的概念。综上所述，本章认为我国城市森林多主体协同治理是指基于城市生态文明建设的需要，为满足城市公众日益增长的绿色、生态需求，在尊重市场的决定性作用、民间组织的中介作用、社会公众的主体地位基础上形成的以政府为主导，城市市民为主体，城市林业企业为骨干，民间组织为补充的有机配置，各负其责，实现城市森林规划、建设、管理与服务等活动的组织架构与运行方式及其保障体系的总和。

第4章 我国城市森林多主体协同治理模型构建及系统分析

4.1 我国城市森林多主体协同治理模型构建

4.1.1 发达国家城市森林治理经验借鉴

"城市森林"一词出现在20世纪,但研究人员已经发现今天所称"城市森林"早在远古就已存在。一些世界上最古老的文明如古埃及人、波斯人、希腊人、中国人和罗马人都在当时著名城市建造绿地,在他们崇拜的地方建造花园,在自己居住建筑周围种树。到公元前1500年,移植树木在埃及已是司空见惯的事。在中世纪,城市绿地,特别是植物园,是用来栽培药用植物的。"树"这个词首次出现在1578年。树木养护书籍于1618年出版。到了启蒙运动和工业革命时代,景观设计开始受到更多的关注。1800年巴黎建成为著名的林荫道,同时用作一个军事战略,控制部队运动并提供防御。美国在20世纪首次出现"园艺"一词,安德鲁·杰克逊·唐宁(Andrew Jackson Downing)与纽约中央公园设计阶段项目的主要负责人弗雷德里克·奥姆斯特德(Frederick Olmsted)被视为景观建筑和城市公园之父。到20世纪中叶,无数的在城市空间与树有关的任务、建议和科学开始合并在一个新的领域:城市林业。1965年Grey和Deneke把现代城市林业作为一个领域的概念或术语引入了多伦多大学。到1968年,市民娱乐和自然美景咨询委员会提交了一份年度报告给美国总统,并建议在美国森林服务创建一个城市和社区林业项目,鼓励研究城市森林问题,提供金融和技术援助,管理城市树木和联邦培训项目。在1972年,合作管理森林行动法案修正案获得通过,合法管理城市森林变为现实。同年,州林务官协会组成了城市林业工作小组。1982年,被美国林务局命为"城市森林教育年",宣传和讨论新城市林业项目,召开第二次全国城市林业会议。在会议上,时任美国副总统的Resler将城市林业任务定义为"科学、系统地管理所有城市内和城市附近的自然资源"。他要求与会者"共同努力,通过接触、参与和承诺,使美国公众形成城市和社区林业概念"。2001年，美国全国城市林业会议发布的一项研究"灰色到绿色：扭转全国城市绿色赤字"透露，在10年内美国由于发展和其他因素，城市地区估计有6.344亿棵树消失。城市森林在美国每年下降400万棵树，并指出为什么城市森林合作努力在现在比以往任何时候都更重要。城市和社区林业计划成为1990年农业法案的一部分。1995年，美国推出了森林CITYgreen软件，利用地理信息系统量化城市生态系统服务。在接下来的10年，软件用于评估许多城市"城市森林的价值"。2005年创建可持续的城市森林联盟，其目标是创造更加绿色、健康的社区。今天，城市森林可持续发展联盟已是一个多样化的组织和专业人士的联盟。其中，美国林务局是指导委员会的成员，包括城市管理者、养护者和景观专业人士、国家和社区非营利组织，城市规划师，公共工程专业人士，树木栽培家、公用事业的专业人士，林业工作者，水质专家和各种协会，为城市森林和绿色基础设施共同努力管护和监控。2006年美国林务局和戴维树专家公司开发了一种新的城市森林测量分析工具I-Tree。该工具使用遥感数据模型测算城市树木和森林在生态系统服务中的生态效益和经济效益。2010年，美国林务局不再更新CITYgreen软件。2011年，美国林务局与纽约合作发布"充满活力的城市和城市森林"国家行动项目。旨在探索"自然的和建造的城市环境的综合一体性和未来的可能性"。同年，美国林务局和合作伙伴一起设计旨在提高人们可持续的城市森林的价值认识活动，并伴同科学工具的支持。

城市森林的概念最早源于美国和加拿大。城市森林在美国和加拿大等地也得到了迅速发展，可以说，美国的城市林业自始至终处于世界领先地位，引领着世界城市林业的教育、科学研究水平等（常金宝，2004；刘德良等，2005），到今天从世界范围看城市森林的区域热度仍在美国和加拿大等国。

发达国家城市森林多主体协同治理的经验，可通过美国和加拿大的城市森林管理计划（UFMPs）得到答案。加拿大的城市森林治理主体有多行动者，主要有政府、城市居民、志愿者、咨询者、公司企业、社区管理者、当地利益组织、非政府组织，这些分散的行动者由城市森林工作组织（urban forest working groups）创造内部或者多主体的联合，建立广泛的利益相关者指导委员会（或者利益相关者委员会）和社区层级的组织实现城市森林治理的合作或者协同。

美国建有城市森林多主体协同治理的评价标准，分为有明确目的的7个指标，每个指标划分为差、中、好、佳4个档次（表4-1）。

表4-1 城市森林协同治理考核体系

指标	差	佳	考核目的
公共机构合作	部门或机构间目标冲突	城市森林的所有项目和政策在跨部门机构或组织中得到执行	确保所有的城市部门有共同的目标与目的

续表

指标	差	佳	考核目的
私人和单位大块土地拥有者的参与程度	忽视此类问题	土地拥有者都有树木管理计划和资金	大的土地拥有者的城市森林管理计划支持全市目标
企业生态化合作	企业不生态化，没有合作；没有坚持标准	共享认识和目标，包括专业标准的使用	企业执行高的专业标准并有达成全市目标的使命
社区行动	社区无行动	所有社区有组织地合作	在社区层次，居民理解和支持城市森林管理
市民、政府和商业的互动	目标冲突	有序互动，如组成关于城市树木的委员会	所有居民为城市森林的效益而行动
城市森林作为公共资源的整体意识	把城市森林看作问题、消耗和负担	把城市森林视为提供城市生态、经济和社会福利的至关重要因素	公众对城市森林角色的认知
城市区域合作	区域独立不合作	区域计划、管理彼此协调	地区组织合作与互动

资料来源：Kenney et al., 2011

通过以上可以看出发达国家城市森林的有效管理在于广泛地城市公共部门（public）、私人部门（private）、非营利组织（not-for-profit groups）、城市市民（citizen）建立协同伙伴关系。其基本经验对中国城市森林的治理有重要的借鉴意义。

第一，城市森林的治理与社会经济发展相适应。从发达国家经验来看，城市森林的治理紧密结合社会需求，从突出经济效益到突出生态效益转变，以满足解决城市化带来问题的需要。从依靠政府到充分发挥城市林业企业、民间组织和城市市民力量的转变，符合了现代城市治理的趋势。

第二，注重建立完善的治理系统。发达国家城市森林的治理都建立了一套包括治理理念与原则、治理目标、治理主体、治理内容、治理测量标准、治理绩效评估等在内比较完善的治理系统。这为城市森林的可持续发展提供了有效的依据和保证。

第三，注重把公共精神作为治理伦理。公共性、公共精神是公共治理的本质特征，它体现了公民生态权利、社会公正、社会效率、公共利益和社会责任等价值。例如，在城市森林的治理中引入市场机制，实现公共机制与市场机制的有机结合。公共服务市场化恰恰是利用政府制度来就公共服务的质量与数量进行决策，利用市场交换制度来提高公共服务的供给效率，从而较好地实现政府与市场各自的优势。

4.1.2 系统模型构建

从上述分析可以看出,我国城市森林多主体进行协同治理过程是个系统过程,包括治理主体、治理客体、治理动力、治理模式、治理机制、治理信息平台等,即在治理环境促进、治理目标导向、治理利益追求的动力下,与治理客体——城市森林密切相连的各治理主体进行协同进化,通过城市森林多主体协同治理模式、治理机制、治理信息平台的集成与协调,实现协同效应。城市森林多主体协同治理模型如图4-1所示(聂法良,2014b)。

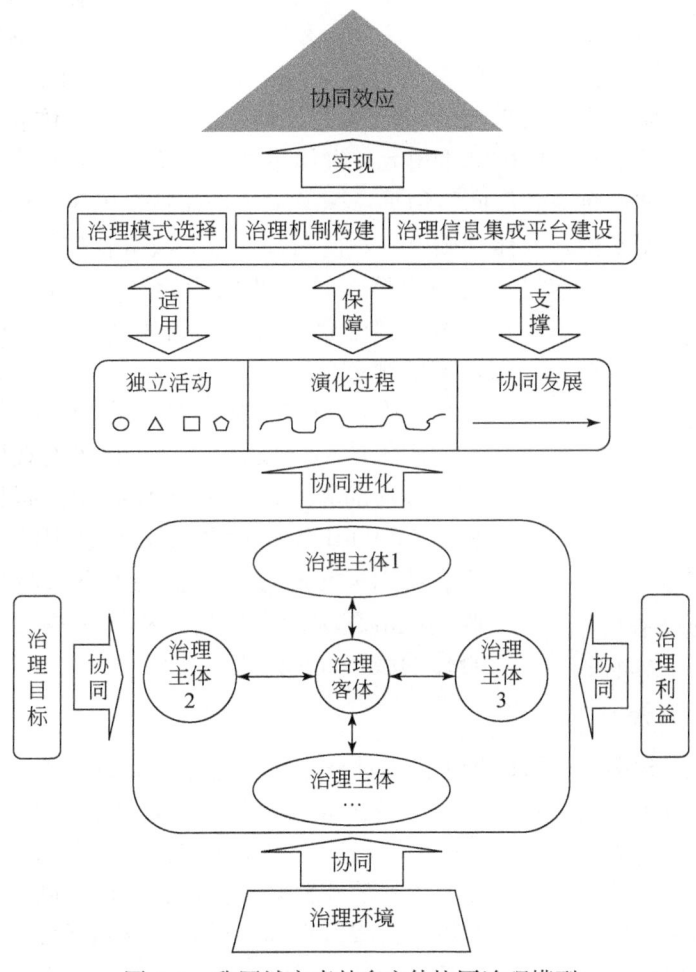

图4-1 我国城市森林多主体协同治理模型

4.2 我国城市森林多主体协同治理系统分析

4.2.1 系统要素分析

根据城市森林多主体协同治理的过程可以看出城市森林协同治理系统包括以下要素（聂法良，2014b）。

（1）主体要素

由于利益相关者多元化，单一主体已无法有效治理城市森林，需要多元主体的参与和合作。治理主体是指具有治理意识和治理能力并实际从事治理实践活动的个体、群体或国家，可主要分为个体主体、群体主体和国家主体3类。其中，个体主体是具有城市森林治理意愿与能力的社会公众，是群体主体和国家主体的基本构成要素，是治理主体的基本单元；群体主体是以单位形式存在的治理社会组织，主要包括林业企业和民间组织等；国家主体是在整个国家范围内统一领导和治理活动的国家系统，具体到城市就是指城市政府。城市森林的治理主体，既包括个体主体，即城市市民，又包括群体主体，即城市林业企业、民间组织等，当然还包括代表国家的城市政府及其相关职能部门（图4-2）。他们集聚形成城市森林治理的合力。也就是城市森林治理主体不但发挥城市政府在宏观层面上对城市森林的部署、调控的行政职能，而且也把包括企业、民间组织、社会公众等起到的作用纳入其中，特别是能通过公众参与的形式将城市市民吸收到城市森林的发展过程中，形成一种多元主体合作的城市森林治理新架构。

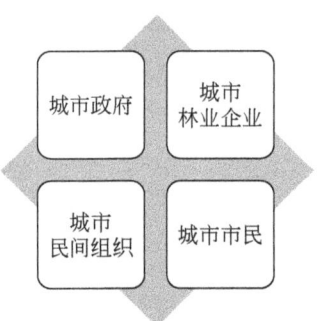

图4-2 城市森林治理主体基本矩阵图

（2）客体要素

我国城市森林多主体协同治理的客体要素无疑是城市森林。现在普遍认为城市森林是指在城市及其周边范围内，遵循林网化与水网化理念，以乔木为主体，达到一定规模和覆盖度，能对周围的环境产生重要影响，并具有明显的生态价值和人文景观价值等的各种生物和非生物的综合体。城市森林按不同的划分标准可分为不同的类型。例如，按位置可分为城区森林、近郊森林和远郊森林，按功能划分为城市环境保护林、城市防护林、城市景观文化林、城市旅游休憩林、城市生产林，按产权性质可分为公用林、私人林等。近年来，随着城市环境问题频现、生态学研究在林业领域中的融入，人们更加注重城市森林对城市生态文明建设的影响。

(3) 动力要素

城市森林多主体协同治理并非多主体治理效应的简单相加，而是在一定动力作用下各治理主体从分散到联系，从各自为政到彼此竞合。在这样一个协同演化的过程中环境促进力、目标导向力、利益博弈力等是其重要动力。所有的协同都在一定环境作用下进行，不是率性而为，有其深刻的社会环境因子的驱动。都涉及目标问题，目标的一致与否，影响协同达成及协同效果。共同的目标是多主体协同治理的前提条件。理想化的情况是各主体都围绕一致目标发挥优势实现协同。但现实是很多时候，协同各方的目标不一致，导致彼此的分离和冲突。在此情况下由于协同各方地位差异，扮演关键性角色的一方可以推动组织协同。可见，目标的一致性不是协同的必要条件，而是协同的重要变量。目标的一致性与否，直接影响了各方能形成什么样的协同机制，以及是否需要某一主体在其中扮演关键性角色。城市森林的利益相关方即为治理主体。实际进行过程中充满着治理主体彼此利益的博弈，各方利益可能是耦合的，也可能是分离的，因此可将利益在协同中的角色分为利益耦合和利益分离。利益耦合是指协同各方利益相互依赖，一方需要对方或其他各方的资源来实现目标。利益分离是指协同各方的利益彼此分立。在此境遇下，协同不可能自动形成。第一种情况是若有一个超越各利益主体的权力主体的自上而下强制力协调，可实现协同；第二种情况是虽然相互之间利益并不一致，但利益各方若不协同，各方都不能实现自己的利益，于是通过相互沟通协调，最终形成协同关系。

(4) 模式要素

从城市森林多主体治理系统的动力要素可以得出：目标和利益是变量要素，目标的一致与否以及利益的分离或耦合，影响着协同的模式和协同机制的生成路径。利益-目标要素的组合，可以形成城市森林的不同协同治理模式，选取适应模式对城市森林的多主体协同治理起着重要作用。

(5) 机制要素

机制作为系统内各子系统、各要素之间相互作用、相互联系、相互制约的形式和运动原理及内在的工作运行机理，它的形成，就会内在地作用于组织系统自身，影响并支配组织系统的发展和变化。城市森林多主体协同治理机制是指城市森林的相关者——城市政府、城市林业企业、民间组织、社会公众之间以"协同"为指向，以实现城市森林效益为目的所构建的制度化的运行作用方式、沟通参与渠道和程序规则。这种基于公共利益目标的政府主导、市场调节、社会协同、公众参与、共建共享的协作机制不同于传统"中心-边缘"结构的管控机制、市场领域的合约机制、西方政府与其他治理主体完整意义上的平等合作机制。

(6) 信息平台要素

信息分散影响城市森林协同治理的效率。在当前信息化环境下，治理主体间的联系与互动则是主要通过信息流动以及信息资源配置来实现的。因此需积极建设城市森林多主体协同治理信息集成平台，保证治理主体共享一致的信息环境。

4.2.2 系统要素功能分析

在我国城市森林多主体协同治理系统中，各要素承担功能分工，相互协作，实现要素的相互有机配置，共同实现城市森林的协同治理效应（聂法良，2014b）。

各要素在系统中的作用表现在，主体要素是城市森林治理的核心，是城市森林协同治理最能动的要素，治理主体作用的发挥决定着协同治理的成效；客体要素是主体作用的对象，是主体协同治理的价值所在；动力要素是城市森林治理的关键，使协同治理成为可能；模式要素是城市森林治理主体的合作方式；机制要素是城市森林治理的保障；信息平台要素为城市森林治理中充分的信息交流和信息共享提供支撑。例如，城市森林协同治理实现信息化，为各方提供一个管理的平台，能够有效加大城市森林门户与政府各部门系统对接和信息共享的广度深度，促进各部门业务协同，业务全流程电子化，政务服务数字化建设和网络化应用。基于空间地理平台和大数据技术，有利于提升城市森林规划设计水平。有利于以城市森林单元网格为管理基本单位，整合各主体的管理信息资源，对各种城市森林管理部件和事件进行统一编码，构建城市森林管理信息数据库，开发城市网格化管理信息系统，建立和规范城市森林治理中问题发现、处理和解决流程，提升城市管理森林水平。有利于围绕城市社区人、地、物、事、组织等情况，管理和服务事项，开发城市森林志愿服务信息系统，方便城市居民志愿服务，提高社区管理效率和水平。依托市民卡、智能手机、数字电视等多种渠道开展，利于实现城市森林治理便捷化，便利政府与市民、企业联动。

以上要素共同构成了一个有机的整体，共处城市森林多主体协同治理系统之中，各要素相互耦合又相互影响。这如同一架飞机，治理主体如同飞机飞行员、乘务员、机场地面工作人员；治理客体是飞机乘客及行李；由治理环境、治理目标和治理利益组成的治理动力如同飞机的两机翼和尾翼，为飞机提供升力及控制飞机的方向；模式要素如同飞机各种工作人员的配合模式；机制要素如同确保飞机飞行各种人员守则、危机解决等保障措施；信息平台要素如同飞机上的信息系统，及时通报各种情况，提出各种要求，确保大家行动一致。每一要素功能能否正常发挥都会对其他要素产生影响,如没有动力要素的作用如同飞机乘客没有出行要求,飞行没有动力与方向,各方没有利益的实现,也就不会形成协同,治理模式的选择,治理机制建设和信息平台建设也就没有意义,就不能实现预期的协同效应。

4.2.3 系统特征分析

(1) 治理整体的系统性

我国城市森林多主体协同治理实质上是各组成子系统之间的有序协同,基于效率性、效益性、经济性原则的要求,城市森林在治理时需要介入管理和支持的要求,形成主体内部部门的协同、多主体之间的协同、治理主体与治理保障之间的匹配等要求,从而形成一个有机的系统。我国城市森林多主体协同治理具有系统性,其构建是一个系统工程。因此,以系统论来构建协同治理各组成部分之间的有机联系,才能建立起科学的、符合城市森林现实需要与未来发展的协同治理。

(2) 治理主体的多元性

传统城市森林治理隐含着一个基本的事实:以政府为主,其他主体参与不足,出现环境抗争等问题,难以为继。多主体合作共营,是实现城市森林科学发展的重要条件。也即城市森林治理主体具有多元性。这是因为城市森林作为生态产品与许多组织利益相关,同时不同的部门有不同优势,公营部门最适合政策管理和实行公平的领域;私营部门则在追求效率的领域往往有上佳表现;而第三部门则在不太能产生利润的领域往往表现出优势。因此在建构城市森林多主体协同治理时需充分关注其利益相关者,并充分发挥各自主体的优势。

(3) 治理过程的物质性

城市森林多主体协同治理需要调动各主体的人力、物力、信息等资源的投入,这其中充满主体利益的博弈、力量的耦合、目标的协调等,是一个复杂的物质系统,具有物质性。这个过程是系统增加信息或负熵的过程(苗东升,1988)。治理系统中存在3种熵流,即总熵流、内部熵流和外部熵流。其关系公式表达如下:

$$dS = dS_e + dS_i$$

式中,dS 为总熵流;dS_i 为内部熵流;dS_e 为外部熵流。热力学第二定律告诉我们系统内的熵是不断增大的,也就是治理系统中的 dS_i 恒大于零。因此熵变情况见表4-2。这就要求我国城市森林多主体协同治理需注重环境的适应与运用、利益的博弈与均衡、目标的冲突与一致考量，以及保障这些力量协同的模式、机制、平台的建构。提高负熵，促进系统有序演化。

表 4-2 协同治理系统熵变分析及推论

如果	则	表明	推论
$dS_e>0$	$dS>0$	这时系统与环境的交换使得总熵变不断增大，加快系统无序度的进程，最终系统走向热寂	正熵抑制治理系统协同的形成；负熵有助于治理系统协同的形成
$dS_e<0$ 且 $|dS_e|<dS_i$	$dS>0$	这时系统与环境的交换可减缓系统无序度的进程，但是不能改变系统走向无序的大方向	
$dS_e<0$ 且 $|dS_e|>dS_i$	$dS<0$	这时开放系统的总熵变不断减小，系统处于有序演化进程中	

（4）治理过程的动态性

我国城市森林多主体协同治理是一个相互联系、相互作用的开放系统，城市森林治理不但要与不断发展变化的外部环境相适应，而且还要不断地与外部进行物质流、能量流与资金流的交换。也就是城市森林多主体协同治理不断地从外界获得负熵流，这些负熵流包括资源、知识、技术等，使自身状态也在不断调整中，治理也不断地适应环境并不断成长和发展，处于不稳定状态，即使出现稳定状态，也只是某一个时点的稳定状态。协同治理也不断地产出协同治理能力、城市森林的发展等正熵流，但正熵流和负熵流不可能相互抵消，而是此消彼长。由此可见，城市森林多主体协同治理的过程是一个动态过程；同时也是一个治理主体从分散到产生协同到高效协同的过程。城市森林多主体协同具有动态性，促使其始终向着远离平衡态的方向成长和发展。

（5）治理效益的生态性及其外部性

在城市森林的治理中，国内外大都从生态、社会、经济效益 3 方面研究城市森林的效益。但是治理的首要目标是生态功能及效益的实现，即空气污染物清除、碳储存和碳螯合、降温与节能、生物挥发物排放以及水文效益等。并且不同于可作为商品通过市场实现价值循环和价值补偿的林产品，城市森林作为公益性生态产品则无法通过市场循环来实现价值补偿，具有外部性。因此在城市森林多主体协同治理的构建中要充分考虑城市森林治理外部效益的内部化。（聂法良，2014b）

第 5 章　我国城市森林多主体协同治理系统动力分析

城市森林多主体协同治理是一个复杂系统，由多个子系统组成。但是城市森林多主体治理系统的各个治理主体子系统之间不是简单的线性关系，而是相互影响、相互制约的非线性关系。推动治理系统从混沌到协同演化的过程中需要推动向前发展的力量，这就是城市森林协同治理的力量。这个过程中伴随着熵值的变化，也揭示了系统的有序度。

5.1　系统受力分析

可以把我国城市森林多主体治理看成是一个动力学系统，在这个系统中，各主体之间在自身参与积极性、资源拥有、治理能力等方面存在差异，因此我国城市森林多主体协同治理中各主体难免存在着摩擦，不能完全融合，在有"摩擦力"的情况下，城市森林多主体协同治理能量将不断减弱。"摩擦力"的大小与各主体之间融合度、机制结构的梯度、资源分布的互补度等有关，对多主体协同治理所要实现的协同效应起反作用。因此，需要有控制力的存在，使多主体协同治理朝着正向发展，促进城市森林多主体协同治理系统的完整性，这个力就是我国城市森林多主体协同治理的协同力。治理系统中最重要的是各主体发挥各自的优势，积极参与，保证我国城市森林多主体协同治理系统的协同发展。

5.1.1　多主体协同治理的摩擦力

长期以来在城市森林的治理中，城市政府、城市林业企业、民间组织和社会公众参与城市森林的广度和深度存在差别，参与的意愿、参与的方式、参与的利益追求也不一，因此我国城市森林多主体协同治理中不可避免地存在着不同程度的目标冲突、利益分离以及外部环境的阻滞等，它们形成了城市森林多主体协同治理的摩擦力。摩擦力与多主体协同治理体系的治理能力变化成反比，摩擦力越大，治理能力越小，与多主体协同治理系统要达到的协同效应方向相反。

5.1.2　多主体协同治理的协同力

城市森林多主体协同治理在摩擦力的作用下,治理系统协同效应将逐步减小,使多主体协同治理系统失去意义;城市森林多主体协同治理为了克服摩擦力的作用,通过多主体治理系统的协调,产生协同力,使我国城市森林多主体协同治理中的各主体之间的能力相互融合,其能力不断得到增强,协同效应逐步增加。因此城市森林多主体协同治理的协同力与治理系统协同效应提升的方向一致,各主体的治理能力趋同一致性越好,协同力越大。

5.1.3　多主体协同治理力量关系

我国城市森林多主体协同治理作为一个系统,城市森林多主体协同治理的总动量（P）包括总协同力（S）和总摩擦力（F）,它们之间有如下关系,见式(5-1)。

$$P = S - F \tag{5-1}$$

5.2　系统核心力量要素分析

城市森林多主体协同治理并非多主体简单相加,而是一个各治理主体从分散到联系,从各自为政到彼此竞合的过程。在这个过程中,需要协同力的推动,环境、目标和利益是该协同力的核心变量要素（郁建兴和张利萍,2013）（图5-1）。

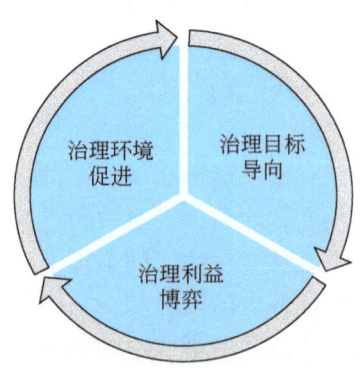

图5-1　城市森林多主体协同治理系统力量逻辑

5.2.1 基于治理环境的协同力与摩擦力分析

5.2.1.1 治理的有利环境

我国城市森林多主体协同治理受多重有利环境的影响,主要内容如下。

1)政治政策环境影响。政治政策环境主要是指一定时期内国际国内的政治形势经济建设的大政方针和建设重点的战略转移等。政治环境是政治体系存在和从事政治活动、进行政治决策的背景条件的总和。它对经济社会的发展具有直接性。当前政治政策环境集中在全面建成小康社会、全面深化改革、全面推进依法治国、全面从严治党构成的"四个全面",是当前和今后一个时期党和国家各项工作的关键环节、重点领域和主攻方向。这就要求大力推进把生态文明建设提升至与经济、政治、文化、社会四大建设并列的高度,大力推进生态文明建设;要求大力推进改革,推进国家治理体系和治理能力现代化;要求建设中国特色社会主义法治体系,建设社会主义法治国家;要求党和政府科学执政、民主执政、依法执政。这些都对我国城市森林多主体协同治理产生直接影响。

2)生态环境影响。改革开放 30 多年来,中国经济发展年均增速接近 10%,2013 年国内生产总值近 57 万亿元,已成全球第二大经济体。目前,我国正处于工业化、城镇化的关键时期,持续快速发展积累下来的生态问题已非常严重,中国城市生态环境问题突出已成为不争的事实。面对环境保护与经济社会发展的突出矛盾,人们要求改善城市发展带来的生态环境问题诉求高涨,人们不仅期待安居、乐业、增收,更期待天蓝、地绿、水净,人们对生态产品和良好生态的需求越来越大,迫切要求把城市森林生态系统建设作为推进城市生态环境治理的平台,对现有城市森林生态系统进行扩建或改造,或者重新根据城市发展的要求,进行新的城市森林营造规划,形成新的城市森林生态系统(石丽萍,2006)。这对城市森林多主体协同治理产生迫切要求。

3)经济环境影响。当前中国经济发展进入了新常态,经济从高速增长转为中高速增长,经济结构不断优化升级,第三产业消费需求逐步成为主体,从要素驱动、投资驱动转向创新驱动。适应新常态的形势,追求城市森林直接或间接经济效益成为城市经济发展的重要方面。例如,许多城市以森林公园建设为重点,维护生态环境的同时,追求城市直接带来的经济收益。例如,2013 年,2466 处森林公园共接待游客 5.89 亿人次(其中海外游客 2168.95 万人次),占国内旅游总人数的 18.1%,旅游收入 491.1 亿元,分别比 2012 年度增长 7.5%和 8.3%。据测算,2013 年全国森林公园创造的社会综合产值超 4700 亿元(场圃总站,2013)。实践证明,城市森林的建设,不仅使市民享受了良好的生态环境,而且其间接的巨大经济效益也正在显现,也促进了城市的核心竞争力。这方面城市政府有切身体会,因此政府在可行的条件下愿意投入城市森林建设,从而推动了城市森林的建设(肖艳艳,2010)。

4)社会文化环境影响。社会文化环境的影响主要体现在城市发展到一定水平,城市居民对提高城市生活品质的要求也在提高。根据国际经验,在人均 GDP 较低的阶段,此时 GDP 与幸福指数的相关性较强;而在人均 GDP 达到 7000 美元后,经济增长并不能带来幸福指数同步上升,甚至会出现二者相背离的现象。中国社会科学院上市公司研究课题组最新研究结果显示,2014 年,预计我国人均 GDP 达到 7000 美元左右,已经接近中高收入需求转变的状态(中国科学院,2014)。在这样的形势下,如果不加强生态建设,不提高民生,GDP 再高,天天生活在恶劣的环境中,公众幸福感也不会随之升高。越绿色,越幸福,这是当今经济社会发展的普遍规律和世界潮流。经济发达之后生态良好、生活幸福必然成为发展全局的重心所在(曹云,2012)。可见社会文化环境变化也对城市森林多主体协同治理提出了要求。

我国城市森林多主体协同治理系统面临着一系列有利的环境,这些有利环境使我国城市森林多主体协同治理的外部环境达到了一定的阈值,将促进我国城市森林的多主体协同治理,为城市森林的多主体协同治理提供强大的协同力。在它们的影响下,外部能量、物质、信息等不断地交换到我国城市森林多主体协同治理中去。例如,2014 年 9 月 25 日,在山东淄博召开的 2014 中国城市森林建设座谈会上,合肥正式被全国绿化委员会、国家林业局授予国家森林城市,其 2011 ~ 2014 年建设投入超 200 亿元,其中各级财政资金达 80 亿元。积极引进有实力、有经验的专业公司(大户)802 家,投资 119 亿元。

5.2.1.2 治理的不利环境

我国城市森林多主体协同治理面临的不利环境主要体现在:由于我国新中国成立后长期实行计划经济,到 1992 年才确立了市场经济体制的改革目标,长期的路径依赖、制度不健全等原因,使得在城市森林的治理领域,呈现出典型的政府治理锁定,主要表现为明显的政府治理特征和市场、非营利组织、社会公众参与不足。这种治理锁定的弊端日益显现,表现为城市政府的有限财政难以满足城市森林规模建设需要,也在一定程度上挤占了社会资金投入城市森林;政府既是城市森林的所有者或出资者,又是经营者,同时还是城市森林的管理监督者,城市政府既拥有一般企业无法获得的公共资源,又拥有企业所不具有的行政权力、制定竞争规则的权力以及规避风险的特权,造成了市场主体的不公平竞争,限制了市场主体进入城市森林的治理领域;还会造成市场垄断,内部人控制以及腐败等一系列的不利后果,进一步导致了城市森林治理的收益损失和城市公共资源的流失、浪费和破坏;政府在治理过程中的失败,不仅会破坏投资环境,而且也会对民间资本和社会资本产生不良的示范效应,使其望而却步远离这一领域。最终导致城市森林治理中的"政府失灵",包括政府能力不足导致的城市森林治理失灵、政府激励不足导致的城市森林治理失灵、政府权力滥用导致的城市森林治理失灵。我国城市森林多主体协同治理面临的不利环境,将形成摩擦力阻碍城市森林的多主体协同治理。

总之,当前我国城市森林多主体协同治理面临的有利环境多于不利环境,也就是城市森林多主体协同治理的环境带来的协同力多于摩擦力,将促进城市森林多主体协同治理系统的协同进化。

5.2.2 基于治理目标的协同力与摩擦力分析

5.2.2.1 治理目标的博弈分析

在城市森林多主体治理中,各治理主体"目标一致"是协同力;但现实是很多时候,协同各方的目标不一致,我国城市森林多主体协同治理中各主体难免存在着摩擦,治理主体之间为了各自的利益,有可能会影响到其他主体的利益,甚至会消极对待体系之间的合作,这时产生的"目标冲突"是摩擦力。主体之间围绕目标形成博弈。各主体在城市森林多主体协同治理中的博弈,局中人是各主体,均可以假设是理性人,地方政府因为其双重身份,也可作为"获利集团",所以均是理性人,追求自己利益的最大化,在此建立主体之间围绕目标的完全信息静态博弈模型(张道武和吴劲松,2008)。

局中人即博弈的参与人,局中人的全体记为 N,一般 $|N|=n$,即有 n 个局中人的博弈称为 n 人博弈。局中人 $i(i \in N)$ 的策略集 S_i,指局中人可能采取的可行策略集合,一般记为

$$S_i = \{s_i\}$$

各个主体(局中人)的策略集可以表示为

$$S_i = \{目标一致,目标冲突\}$$

若每个局中人 i 都取定一个策略 s_i,其中 $s_i \in S_i$,则所有 n 个局中人的策略全体 $(s_i, \cdots, s_n)$ 称为一个策略组合,记为 $S = (s_i, \cdots, s_n)$。

对任意一个策略组合,带给局中人 i 的损益成为局中人 i 的支付函数 p_i,表示各主体在城市森林多主体协同治理中获得的利益,每个局中人都希望自己的 p_i 尽可能大。

为了简化问题,本章选取两个主体研究城市森林各主体之间的目标博弈结果,两个主体分别记为主体 A 和主体 B。则两个主体的策略集为

$S_A=\{$目标一致，目标冲突$\}$ $S_B=\{$目标一致，目标冲突$\}$

当两个主体间的策略都是目标冲突时，影响协同达成及协同效果，可设双方的利益均为0，依此作为基准点展开博弈。主体的支付函数为

p_A（目标一致，目标冲突）= 1　　p_A（目标冲突，目标一致）= 0

p_A（目标一致，目标一致）= 2　　p_A（目标冲突，目标冲突）= 0

p_A（目标一致，目标一致）= 0　　p_A（目标冲突，目标一致）= 1

p_A（目标一致，目标一致）= 2　　p_A（目标冲突，目标冲突）= 0

根据支付函数构造城市森林治理主体治理目标博弈的支付矩阵，见表5-1。

表5-1　城市森林治理主体协同治理博弈的支付矩阵表

主体A ＼ 主体B	目标一致	目标冲突
目标一致	(2, 2)	(1, 0)
目标冲突	(0, 1)	(0, 0)

当主体A与主体B都采取"目标冲突"战略时，两个主体的利益均为0，对两个主体都不利，两个主体都不会采取这种战略；当两个主体"目标一致"时，两个主体的利益均为2，两个主体的利益最大化；当主体A采取"目标一致"的战略，主体B若采取"目标冲突"战略时，主体A的利益为1，主体B为0，对B不利，B不会采取"目标冲突"的战略，而是采取"目标一致"的战略；同理如果当主体B采取"目标一致"的战略，主体A若采取"目标冲突"的战略时，主体B的利益为1，主体A为0，对A不利，A不会采取"目标冲突"的战略，而是采取"目标一致"的战略。

采用划线法可知，城市森林治理主体协同治理之间的博弈结果为：治理主体的纳什均衡出现在各主体之间采取"目标一致"的战略。我国城市森林多主体协同治理中，只有各个主体"目标一致"时，我国城市森林多主体协同治理治理能力、协同效应才能更好、更快地提升。证明城市森林协同治理系统中治理目标的导向力是重要变量。

5.2.2.2　治理目标的定位

(1) 我国城市森林的需求分析

纵观城市森林发展的历史尤其是21世纪以来中国城市森林的发展历史，根据城市森林兼具经济、生态和社会等多种功能，可以看出当前对城市森林的需求主要有以下几种。

1) 经济需求——生态产品。城市森林生态产品即为通过劳动使城市森林发挥生态功能所产生的能够改善生态状况的产品的总称。城市森林生态产品包括两

大类，一是有形的，二是无形的。有形的生态产品，具有生态性和商品性的产品，如城市森林旅游、碳交易。无形的生态产品，主要包括吸收二氧化碳、制造氧气、涵养水源等。城市森林生态产品是最短缺的产品，社会需求和生产潜力巨大。扩大或提升城市生态产品需遵循自然规律、经济规律和市场规律。按照公共产品的特性采用让消费主体支付一定的成本，或纳入公共财政支持范围，或对经营主体给予足够的支持和保护等方式解决。

2）环境需求——森林城市。国家森林城市是指城市生态系统以森林植被为主体，城市生态建设实现城乡一体化发展，各项建设指标达到一定指标并经国家林业主管部门批准授牌的城市（肖建武等，2008）。森林城市也就是在城市范围内以木本植物为主体，高大乔木为框架，立体形式植物为结构，人、自然、城市、文化为一体的生态系统具备的城市。形象地说即林中有城、城在林中、人在林中、鸟语花香、富于生机、环境优美的城市。

3）社会需求——两型社会。两型社会指的是资源节约型、环境友好型社会。资源节约型社会是指以人与自然和谐发展为目标，在生产、建设、流通、分配、消费等领域，采取降低资源消耗、有利于可持续发展的生产方式、生活方式、消费方式，通过法律、经济、技术管理、宣传教育等综合性措施，动员和激励全社会节约资源和更有效地利用资源，提高资源的利用率、生产率。环境友好型社会要求以环境承载力为基础，以遵循自然规律为准则，以绿色科技为动力，倡导环境文化和生态现代化，构建经济社会环境协调发展的社会体系，实现可持续发展。资源节约与环境友好两者相辅相成、互为补充。从组成看，"两型社会"包括资源节约型社会和环境友好型社会；从过程看，"两型社会"是指全社会都采取了有利于节约资源和保护环境的生产、生活和消费方式；从结果上看，"两型社会"指通过一定方式的建设，构建经济、社会、环境协调发展的社会体系，实现社会、社会和人类的可持续发展。城市森林的建设与发展在增强企业的社会责任，城市市民的理性适度消费，推动社会和谐、城乡和谐等方面有助于两性社会建设。

4）文化需求——森林文化。城市森林文化是关于城市中保护和建设森林以满足城市和谐发展和市民健康需要的文化。它是一种促进人与森林、人与自然关系和谐的文化形态。其包括城市森林物质文化、城市森林制度文化和城市森林精神文化3个层面。表层是城市森林物质文化。城市森林物质文化包括直接满足人类基本生存需要的森林物质产品以及生产这些产品所需要的生产工具和生产手段等，如森林公园、都市林场、与森林有关的文化艺术品等；城市森林制度文化如有关政策、法律和规范、合同契约、乡规民约等，制度层面的城市森林文化，是围绕人展开的，具体表现为人的生活方式和行为模式如积极参与义务植树、爱护森林等行为，所以又可以称为城市森林行为文化；城市森林精神文化指形而上的森林文化理念、伦理、道德、审美、价值等，如城市森林美学、城市森林旅游学、城市森林民俗学等，是森林文化的核心与灵魂，引领森林文化发展的方向。三者既相互独立，又相互依存、相互制约，构成有机整体（苏祖荣和苏孝同，2013）。

（2）基于需求的城市森林协同治理的目标定位

所有的协同都涉及目标问题。目标的一致与否，影响协同达成及协同效应。共同的目标是多主体协同治理的前提条件。理想化的情况是各主体都围绕一致目标发挥优势实现协同。但现实是很多时候，协同各方的目标不一致，导致彼此的冲突。在此情况下由于协同各方地位差异，扮演关键性角色的一方可以推动组织协同。可见，目标的一致性不是协同的必要条件，而是协同的重要变量。

城市森林的协同治理系统涉及城市政府、城市林业企业、民间组织和城市市民等利益相关者，同时城市森林的需求形态又是多样的，因此满足需求的城市森林多主体协同治理的目标是多层次的。目标定位主要围绕3个方面切入，即行为模式的转换（用什么做）、治理系统的定位（做什么）、价值新取向的确立（朝哪个方向去做），相应地涉及3个层面，直接目标、中级目标和终极目标。也就是利益相关者首要的是协同起来以促进工作实现大家共同的目标。

1）直接目标：提高城市森林协同治理能力。城市森林协同治理的首要目标是提高城市森林的协同治理能力。所谓城市森林治理能力，是指治理主体掌握和运用治理资源（包括权利、人力、物力、智力等），遵循城市森林发展规律，领导和治理城市森林事务的本领和水平。治理体系能否有效，关键看其是否能够适应内外部治理环境的变化，顺应当前对城市森林的治理需求。所谓治理能力现代化，说到底是人的现代化（王征国，2014）。相对于治理体系这里的"人"指治理主体。因此提高城市森林协同治理能力，首先是各治理主体的生态化转型。城市政府积极承担政府的环境责任，提高全社会以及内部成员的生态文明意识与价值取向，以"生态优先"观为其根本价值取向，以实现人与自然的"自然性和谐"为根本目的，将保护环境、倡导生态文明纳入到政府的责任与行为之中（王彬彬和刘祖云，2008）。转变和理顺城市政府职能，发挥市场在资源配置中的决定性作用，减少对市场或企业的干预，避免政府包办城市森林的一切事务，促进政府治理方式的多元化，注重机构部门的沟通、运行效率与节能，发扬环境民主，加强与媒体、其他治理主体的互动关系，激励共同参与决策，激励城市森林有关技术创新，制定和执行城市森林有关的法律法规，将城市森林建设纳入绩效考核，加强制度建设。城市林业企业需增强对环境责任、企业社会责任的认识，建设含有生态基因的企业文化，注重城市森林经营和生产过程中的经济效益与效率以及环保的兼顾，节约生态成本，履行有关环境法律法规并建立企业自身的有关规则。民间组织应充分发挥环保非政府组织志愿作用，承担环保非政府组织的生态责任。城市市民应进一步提高对城市森林效益的认识，增强个人的环保、节能以及环境维权的意识，积极参与城市森林的治理，践行绿色生活、绿色消费，自觉抛弃过度消费，形成保护生态、节约资源、合理消费的社会风尚，减少个人生活污染物排放，养成公民个体的生态行为。其次是促进居民、公共机构、社区团体和私营部门在城市森林建设与养护方面的深度联系，如建成城市森林的跨部门小组、建立由各方人士组成的城市森林理事会、提高城市森林教育和体验的机会、推选城市的地标树（the city's landmark tree）、建立城市森林的奖励项目等促进各治理主体的深度合作。最终提高城市森林治理的决策能力、协调能力和执行能力。

2）中级目标：促进城市森林可持续发展。城市森林协同治理的中级目标就是治理体系要服务的内容，也就是促进城市森林的发展。从过程来看包括城市森林的规划、建设、管理和服务；从具体内容来看也就是城市森林的种养护；从效益来看也就是促进城市森林生态效益优先，社会效益的发挥和经济效益的兼顾。具体而言，一是制定好城市森林的规划和管理计划并严格按照实施。纵观美国、加拿大等城市森林发达国家，一个重要的方面是城市都有详细而不断更新的城市森林规划（UFMP），如美国西雅图 2013 年城市森林管理计划包括摘要、计划的目的、西雅图的城市森林的重要性、今天西雅图的城市森林、当前需进行的工作、执行路径等部分，每部分内容详细具体，为城市森林的可持续发展奠定了坚实基础。这是由来自城市林业委员会、城市议会、城市议会执行委员会、城市计划发展部、城市金融管理服务部、城市环境可持续发展办、西雅图中心、西雅图电力公司、西雅图运输部、西雅图公园和休闲部、西雅图公用事业局等 11 个部门 32 人组成，并且城市林业委员会中包括各方面人士，是多个城市部门、民间组织、商业部门和市民个人合作的结果。国内城市森林规划大都显得宏观而不具体，规划与执行存在差距。原因在于规划制定缺乏多方参与。二是加强森林建设，提高城市森林的综合指标、城市森林的覆盖率，加强城市森林生态网络和乡村绿化建设，维护城市森林健康，为公共休闲提供服务，建设城市森林文化工作。当前优先要进行的行动是：珍爱现有城市大树，随着时间发展，有的城市树木已有几十年树龄，达到他们的最终规模，其效益是不能由小或者更年轻的树所匹配，除非种植在不恰当的地方、有危险、已死亡、或病树，否则应得到珍爱；养护好现有的树木，适当和及时整枝，清除入侵物种，监控病虫害，扩大土层，以利于城市树木健康成长；修复公共空间，在森林绿地等开放空间通过本土树种种植，促进生物多样性，打造充满生机活力的城市森林；植种新树，城市森林的发展除了保存量，重要的是要有增量，通过种植新树来增大提高城市森林的功能与效益，努力完善城市森林生态系统结构；进行城市森林生态效益的测度，如美国农业部林务局为城市林业的分析和效益评估提供 I-Tree 软件，便于测度城市森林的各项效益，提高参与各方的认知和积极参与度。

3）终极目标：提高城市生态文明水平。城市生态文明是城市建设和发展过程中的思想和理念，是生态伦理和生态文化在城市发展中的集中体现，诱使人类从事的各项活动能够围绕人与环境的和谐共处与共同发展，实现城市的社会、经济的可持续发展（刁尚东，2013）。应包括三方面的内容：即经济生态、社会生态、自然生态（陈天鹏，2008）。林业兼有生态建设保护的主体功能和绿色生产的经济功能，是生态文明建设的重中之重，是事关经济社会可持续发展的根本性问题，林业兴则生态兴，生态兴则文明兴。林业是生态建设的主体，中国明确提出"发展林业是建设生态文明的首要任务"（国家林业局生态文明研究中心，2014），具体到城市，城市森林协同治理的最终目标无疑是实现城市生态文明。不断的城市森林建设，有效提高区域的景观环境质量，形成城市森林网络框架，培育健康稳定的城市林业生态、产业、文化三大体系。有效为城市提供有形生态产品和无形生态产品，促进经济发展，维护着城市"天蓝"、担当着城市"地绿"、守护着城市"水清"、营造着城市"宜居"，不断提高人民生活水平、改善人民生活质量、提升人民安全感和幸福感，最终实现生产发展、生活富裕、生态良好的文明城市（图5-2）。

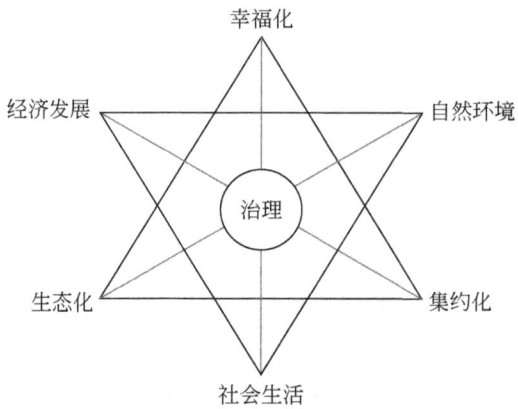

图5-2　城市森林治理实现城市生态文明过程图

总之，城市森林多主体协同治理的目标体现在直接目标、中级目标和终极目标3个层次上（表5-2）。治理主体的纳什均衡出现在各主体之间采取"目标一致"的战略，这将有助于城市森林的多主体协同治理系统的协同进化。

表5-2　城市森林多主体协同治理目标

目标层次	目标内容
直接目标	提高城市森林协同治理能力
中级目标	促进城市森林可持续发展
终极目标	提高城市生态文明水平

5.2.3 基于治理主体利益的协同力与摩擦力分析

5.2.3.1 治理主体的利益关注点、权利与义务

利益是人类社会中个人和组织一切活动的根本动因（陶国根，2014）。城市森林的利益相关方对自身利益的关注、追求成为城市森林多主体协同治理的重要动力。Freeman（1983）提出了利益相关方广义的内涵，即利益相关方能够影响一个组织目标的实现，或者他们自身受到一个组织实现目标过程的影响。城市森林的利益相关方有很多，但主要的利益相关方为城市政府、城市林业企业、城市民间组织和市民，即城市森林的治理主体。

1）城市政府。在当前城市生态环境问题突出，市民对美好生活环境的期待背景下，城市政府参与解决城市生态问题具有其他组织和个人无可比拟的合法性和优越性。在合法性方面，政府既是公共利益的委托代理人又是公共物品如城市森林等的协调、建设和管理者；在优越性方面，城市政府具有制定城市森林政策、建立完善的法律制度体系、提供城市森林建设资金等的执行工具。也正因为如此，城市政府对城市森林方面的利益关注点主要在城市森林生态、社会、经济利益的平衡，以及通过城市森林的建设改善城市生态环境，建设宜居城市，提升城市核心竞争力，实现城市的又好又快发展，是城市森林建设最重要的主体，起着主导性作用。

2）城市林业企业。在城市生态文明建设的大背景下，面对政府的宏观调控因素、民间组织、社会公众以及媒体的舆论监督，城市林业企业由追求经济效益最大化开始关注生态利益，注重履行社会责任。表现在贯彻生态环保观念、改变经济发展模式、节约利用相关资源，集中人力物力有效率地提供生态产品，创造财富。在城市森林建设中起着关键性的作用。

3）城市民间组织。其作为对政府（民主制福利国家）和市场（规范竞争市场）双重失灵的一种回应，具有动员与整合社会力量，促进公民参与；补充或代理政府一定职能，优化政策效果；可持续发展观念的倡导与教育；充当外部监督与评价机构的作用与价值。利益关注参与政府在城市森林领域的公共决策，履行环境保护和治理的职能和权力责任；促进环境教育、环境技术、环保科研等因素融入城市森林发展，实现一个更为绿色、和平和可持续发展的生态城市。民间组织在城市森林发展中起着越来越重要的作用。

4）城市市民。城市发展到一定水平，广大市民除了在物质生活和精神生活上的追求不断提高外，也越来越关注自己的生存环境和生活品质，关注幸福指数，注重维护自己环境权、参与权、监督权。因此越来越关注城市森林的建设发展与保

护，为促进城市森林的发展提供了前提，成为城市建设城市森林的基础性力量。

可见城市森林治理主体在城市森林的治理中有着自己的定位与分工，造成了利益偏重点的不同（表5-3）。实际进行过程中充满着治理主体彼此利益的博弈，各方利益可能是耦合的，也可能是分离的，因此可将利益在协同中的角色分为利益耦合和利益分离。利益耦合是指协同各方利益相互依赖，一方需要对方或其他各方的资源来实现目标，视为协同力。利益分离是指协同各方的利益彼此分立。在此境遇下，协同不可能自动形成，视为摩擦力。但一种情况是若有一个超越各利益主体的权力主体的自上而下强制力协调，可实现协同；第二种情况是虽然相互之间利益并不一致，但利益各方若不协同，各方都不能实现自己的利益，于是通过相互沟通协调，最终形成协同关系。虽然各治理主体的利益关注点不同，但是每个治理主体有着共同的利益目标，即城市森林治理主要侧重于改善城市生态环境和提供一定的社会经济效益。这为治理主体协同提供了结合点，在共同利益引导作用下，各方发挥各自所长，相互协调，推动城市森林可持续发展。

表5-3 城市森林主要利益相关方的利益关注点分析

利益相关方	城市政府	城市林业企业	民间组织	城市市民
利益关注点	关注生态、社会、经济利益、利益平衡，提升城市核心竞争力	在承担生态社会责任的同时，追求经济效益最大化	关注环境教育、环境技术、环保科研等因素融入城市森林发展，促进实现一个更为绿色、和平和可持续发展的生态城市	注重生存环境和生活品质，关注幸福指数
权利	制定城市森林政策、规划，建立完善的法律制度体系，提供城市森林建设资金等	利用相关资源，集中人力物力提供生态产品，创造财富	在经济来源上的一定的独立性，内部组织管理上的独立性和法律上的独立地位，享有自治权	环境权、参与权、监督权
义务	城市森林建设的组织者及监督管理者；政策、法律的执行者；生态道德意识的倡导者	对政府的委托、公众、市场、自然有重要的生态责任	发挥专业所长，参与政府在城市森林领域的公共决策，履行环境保护和治理的职能和权力	树立生态价值观，养成生态行为，对城市森林治理提供建议，参与环境保护及监督

5.2.3.2 治理主体利益博弈分析

追求自身利益的最大化始终是各治理主体的最基本的行为特征，而不是只求公共利益而不要个人利益。城市森林多主体协同治理的动力之一就是在治理主体追求自身利益与实现公共利益的博弈过程中实现的。

（1）无政府主导的治理主体博弈

无政府主导下，在我国城市森林多主体协同治理中，由于其他治理主体存在着实力大小不均衡的现象，在博弈中难免会产生不同的效果。因此将拥有资源多、实力雄厚的治理主体列为"大主体"，相比之下实力不足的为"小主体"，下边分别对"大主体之间的博弈"和"大主体与小主体之间的博弈"进行分析（吴昌松，2013）。

大主体之间的博弈：

1）假设参与者仅有两个主体，且两主体实力均等。
2）假设两个主体均有两种决策选择（协同与不协同）。
3）两主体符合博弈论的其他基本假设。
4）每种结果支付以主体实现利益为标的，根据以上假定得到博弈支付矩阵表，见表5-4。

表5-4 大主体之间博弈支付矩阵

主体A \ 主体B	协同	不协同
协同	（1，1）	（0，4）
不协同	（4，0）	（2，2）

由划线法可知，该博弈结果为：主体A、主体B的纳什均衡点出现在主体A、主体B均采取不协同方式的策略。

大主体和小主体之间的博弈：

1）假设参与者仅有两个主体，且两主体实力差距较大。
2）假设两个主体均有两种决策选择（协同与不协同）。
3）两主体符合博弈论的其他基本假设。
4）每种结果支付以主体实现利益为标的。

根据以上假定得到博弈支付矩阵表，见表5-5（其中大主体用主体A表示，小主体用主体B表示）。

表5-5 大主体和小主体之间博弈支付矩阵表

主体A \ 主体B	协同	不协同
协同	（1，0）	（0，2）
不协同	（4，-2）	（2，1）

由划线法可知，该博弈结果为：主体 A、主体 B 的纳什均衡点出现在主体 A、主体 B 均采取不协同方式的策略。

通过以上分析可以看出，在无政府参与情况下，大主体之间、大主体与小主体之间的博弈结果均无法实现协同的目的，其主要原因在于治理主体与大治理主体之间的竞争的决策均是短期行为，在追求短期利益最大化的时候忽视了长期发展，导致了类似公地悲剧的情况产生。大主体和小主体博弈过程中，大主体的领导地位无法动摇，小主体的短期利益很难满足，更无法维持盈利，因此只能采取不协同方案。因此，如果使主体采取协同行为，实现共同利益，必须加入外部因素，因此提出政府主导行为的必要性。再次说明城市森林的治理虽然单纯通过政府已经难以前行，但是政府部门依然是起主导作用的（Younga and McPherson, 2013）。在城市森林的协同治理中，城市政府具有其他组织和个人无法比拟的合法性，政府既是公众利益的委托代理人，也是公共物品如生态环境的承担、协调、管理者，是最主要的治理主体，起着主导性的作用。

（2）有政府主导的治理主体博弈

大主体面对政府主导的博弈设计：

1）假设参与者为大主体和政府。

2）主体和政府组织符合博弈论的其他基本假设。

3）假设大主体均有两种决策选择（协同与不协同）。政府组织可以选择（进行调控，不进行调控），如图 5-3 所示。

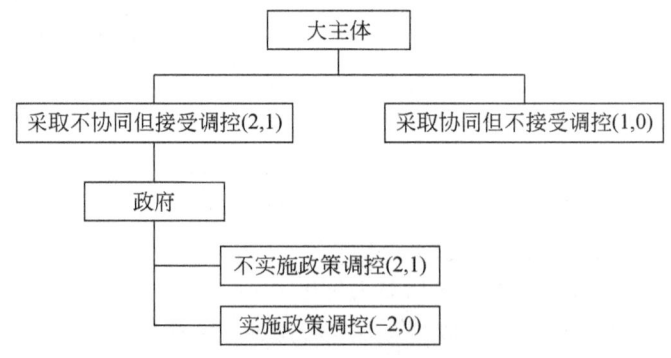

图 5-3 政府与大主体博弈策略决策选择

由逆向归纳法可知均衡结果出现在主体采取不接受调控拒绝协同，但可以看出该均衡结果受到诸多限制，主要在于政府团体是否真的进行调控，此时大主体必须采取协同措施。考虑到前文提到的结论，大主体和大主体博弈中，均采用协同措施。其支付情况从长期来看帕累托最优，故政府采取严格的调控行为是正确的。

小主体面对政府主导的博弈设计：

1）假设参与者为小主体和政府。

2）主体和政府组织符合博弈论的其他基本假设。

3）假设主体均有两种决策选择（协同与不协同）。政府组织可以选择（进行调控与不进行调控），如图5-4所示。

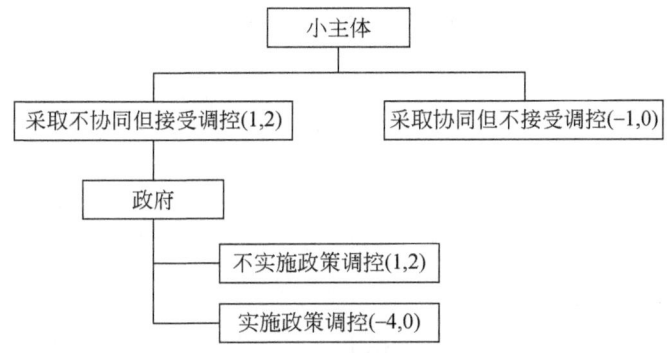

图 5-4 政府与小主体博弈策略决策选择

由逆向归纳法可知，小主体在政策选择上一定会千方百计地拒绝政府提供调控，因为若采取顺从方式小主体无获利机会，并且前文中也提到，小主体在与大主体博弈中会采取协同行动。

(3) 演化博弈分析

各主体在协同治理中的关系是竞合关系，主体成员获取信息的不完备性和市场环境的不确定性，使得各主体之间的博弈是一种反复的演化博弈过程。其最佳策略是通过长时间模仿和改进达到的"演化的稳定策略"（ESS），建立演化博弈模型对协同治理系统演化稳定策略加以分析（谭博和容和平，2014）。

演化博弈模型假设条件：

1）由协同治理系统中的两个主体成员进行博弈。

2）博弈双方为有限理性主体。

3）双方的策略为合作时资源共享与不共享。

根据演化博弈模型的假设，定义演化博弈模型中的字母含义如下。

$\beta_i(i=1, 2)$ 为主体 A 与主体 B 各自拥有的资源水平；$\alpha_i(i=1, 2)$ 为不共享资源时主体 A 与主体 B 的各自收益；$\gamma_i(i=1, 2)$ 为一个主体对其他主体共享资源的内化水平，如 γ_2 代表主体 B 对主体 A 共享资源的内化水平。以 $\gamma_1\beta_2$ 代表主体 A 利用主体 B 的共享资源所获得的超额收益。ε_i 为风险系数；$\varepsilon_i\beta_i$ 表示主体选择共享资源的风险成本。

一般情况下，主体采取资源共享策略时的超额收益大于其初始成本，即

$$\gamma_1\beta_2>\varepsilon_1\beta_1, \quad \gamma_2\beta_1>\varepsilon_2\beta_2$$

设主体 A 采取资源共享策略的可能性为 X，则采取资源不共享策略的可能性为 $1-X$，主体 B 采取资源共享与资源不共享策略时的可能性分别为 Y 和 $1-Y$。此时构建主体 A 的函数如下。

采取共享资源策略时：

$$R_1 = Y(\alpha_1+\gamma_1\beta_2-\varepsilon_1\beta_1)+(1-Y)(\alpha_1-\varepsilon_1\beta_1)$$

采取不共享资源策略时：

$$R_1 = Y\alpha_1+(1-Y)\alpha_1$$

主体 A 的平均收益函数：

$$\overline{R_1} = (1-X)(\gamma_1\beta_2 Y-\varepsilon_1\beta_1)$$

同理主体 B 的平均收益函数：

$$\overline{R_2} = (1-Y)(\gamma_1\beta_2 X-\varepsilon_1\beta_2)$$

建立博弈双方的支付矩阵，见表 5-6。

表 5-6 演化博弈双方的支付矩阵

主体 A \ 主体 B	资源共享	资源不共享
资源共享	$\alpha_1+\gamma_1\beta_2-\varepsilon_1\beta_1$	$\alpha_1-\varepsilon_1\beta_1$
	$\alpha_2+\gamma_2\beta_1-\varepsilon_2\beta_2$	α_2
资源不共享	α_1	α_1
	$\alpha_1-\varepsilon_1\beta_1$	α_2

构建主体 A 的复制动态过程：

$$\frac{\mathrm{d}x}{\mathrm{d}t}=(\gamma_1\beta_2 Y-\varepsilon_1\beta_1)$$

主体 B 的复制动态方程：

$$\frac{\mathrm{d}y}{\mathrm{d}t}=(1-Y)(\gamma_1\beta_2 X-\varepsilon_1\beta_1)$$

当 $\frac{\mathrm{d}x}{\mathrm{d}t}=\frac{\mathrm{d}y}{\mathrm{d}t}=0$ 时，得到城市森林协同治理系统中主体 A 和主体 B 之间的 5 对均衡解：$(0,0)$，$(0,1)$，$(1,0)$，$(1,1)$，$\left(\frac{\varepsilon_2\gamma_2}{\gamma_2\beta_1}, \frac{\varepsilon_1\beta_1}{\gamma_1\beta_2}\right)$。

通过微分方程的分析可知在主体采取资源共享策略时的超额收益大于其初始成本条件下，均衡解中 $(0,1)$ 和 $(1,0)$ 是不稳定点；$(0,0)$ 和 $(1,1)$ 为协同治理系统演化稳定策略点；$\left(\dfrac{\varepsilon_2\gamma_2}{\gamma_2\beta_1}, \dfrac{\varepsilon_1\beta_1}{\gamma_1\beta_2}\right)$ 为鞍点。据此构建协同治理系统的动态演化策略图，如图 5-5 所示。

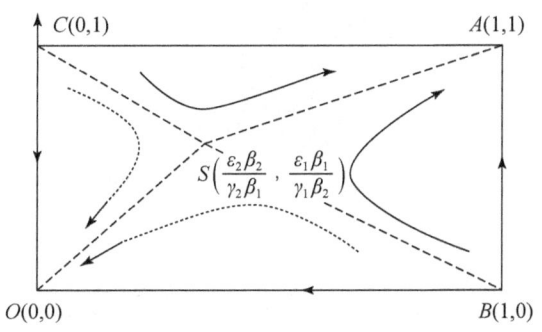

图 5-5　协同治理系统的动态演化策略图

在动态演化策略图中，B 点和 C 点为不稳定点；O 点和 A 点为 ESS 点；S 点为鞍点。因为 $\gamma_1\beta_2>\varepsilon_1\beta_1$，$\gamma_2\beta_1>\varepsilon_2\beta_2$，故 $\dfrac{\varepsilon_2\gamma_2}{\gamma_2\beta_1}<1$ 且 $\dfrac{\varepsilon_1\beta_1}{\gamma_1\beta_2}<1$，鞍点 S 位于矩形 $OABC$ 内部。由于 B 点和 C 点为不稳定点，所以各主体在博弈中是由不稳定点向着稳定状态演化的动态演化过程，鞍点 S 决定具体的演化路径，鞍点 S 的位置取决于 β_i、γ_i、ε_i 的大小，分别为参与博弈两个主体各自的资源水平、将对方资源内化的能力、摩擦系数。该演化博弈的稳定点有：$A(1,1)$ 各主体资源完全共享，点 $B(0,0)$ 各主体资源完全不共享。在原有资源水平不变的条件下，主体之间的演化博弈稳定路径由 γ_i、ε_i 决定，当资源内化能力 γ_i 增大，摩擦系数 ε_i 降低时，博弈双方各自拥有的资源水平差距逐渐减小，鞍点向稳定点 O 移动的趋势，协同治理系统收敛于稳定点 $A(1,1)$ 的概率增加，各治理主体更加趋向于资源的完全共享。同理，当各主体资源内化能力减弱，摩擦系数增加时，治理主体趋向于资源不共享的稳定状态。

（4）博弈分析结论

通过建立多主体博弈模型、演化博弈模型对城市森林治理主体的利益进行博弈分析，发现我国城市森林的治理虽然单纯通过政府已经难以前行，但是在无政府参与情况下无论是大主体与大主体还是大主体和小主体的博弈，各主体为了自身的利益，均会采取不协同方案，将不利于城市森林的发展，因此政府部门依然是起主导作用，政府采取严格的主导行为时，各主体博弈中，均采用协同措施，实现利益的耦合（图 5-6），其支付情况从长期来看帕累托最优；为了共同的利益，城市森林多主体协同治理可以促使各主体间的稳定策略收敛与资源的完全共享，使合作更加融洽，系统的协同效应增长。

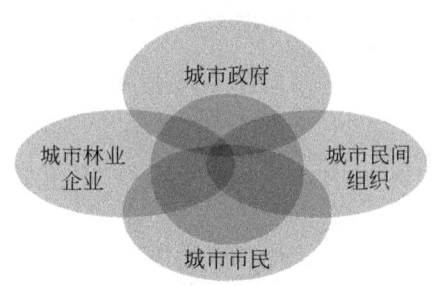

图 5-6　城市森林治理主体的利益耦合

5.3　系统总力量与协同发展

5.3.1　总力量与系统协同发展

依据式（5-1），我国城市森林多主体协同治理系统总力量存在 3 种情形（表 5-7）。

表 5-7　城市森林多主体协同治理系统力量与协同发展分析

序号	总力量情况	力量对比情况	表明	系统有序度	结论
1	$P<0$	$S<F$	摩擦力在多主体系统发展过程中占主导地位	系统危机度升高，总体呈现无序状态	在城市森林多主体协同治理系统运行过程中，需要全力发挥和强化协同力的作用，并促进和扶植其产生与发展；同时抑制和削弱总摩擦力，并阻止和警惕其产生与发展，才能有效地控制系统向协同有序方向发展
2	$P=0$	$S=F$	多主体系统总协同力与总摩擦力相当	多主体系统的有序性和无序性相互交融、相互抵消	
3	$P>0$	$S>F$	总协同力变成为系统发展的主流	多主体系统呈现稳定有序状态	

通过 5.2 节分析可知，当前我国城市森林多主体协同治理面临的有利环境多于不利环境；在目标的一致与冲突中，选择目标一致；在利益博弈中，政府部门依然是起主导作用，政府采取严格的主导行为时，各主体博弈中，均采用协同措施，实现利益的耦合。可见目前总体协同力大于摩擦力，总力量 $P>0$，将促进城

市森林多主体治理协同发展（图 5-7），也表明当前我国城市森林多主体协同治理的紧迫性和历史机遇共存。

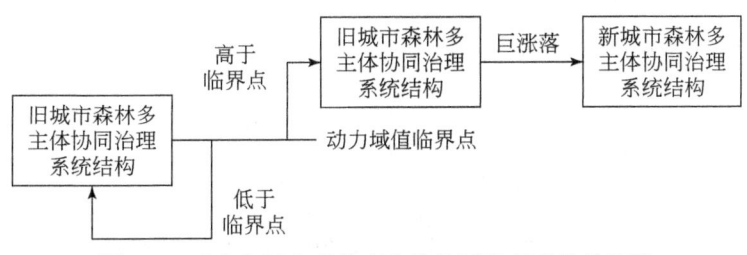

图 5-7　动力与城市森林多主体协同治理系统的演进

5.3.2　总力量与多主体协同发展

协同动力作用促进了我国城市森林治理主体内的、两个治理主体间的以及多主体间的共同的发展和进化。

5.3.2.1　治理主体内的自我进化

在协同动力作用下，我国城市森林多主体协同治理中，城市政府、城市林业企业、民间组织和城市市民各个子系统都有各自的进化。其进化的基本模型为根据治理主体的生态需求，充分利用自身资源、条件、优势，实现城市森林科学发展的产出（图 5-8），如城市林业企业有着设备、人员、技术、管理等优势。在协同动力的驱使下，城市林业企业会不断地向政府等部门争取城市森林的建设及养护等项目，并把其转化成城市所需要的城市森林等生态产品和服务，以此获得丰厚的利润，形成自己的品牌，使城市林业企业有更多的资本积累和非物质利益，从而企业可以购买大量更先进的生产设备，招聘更多的高素质员工来扩大生产规模，以获取更大利润。企业会再一次根据市场的需求信息进行决策部署，争取新的城市森林项目，产出新的城市森林生态产品和服务，这样便形成了企业内的反应循环、自我进化（图 5-9）。

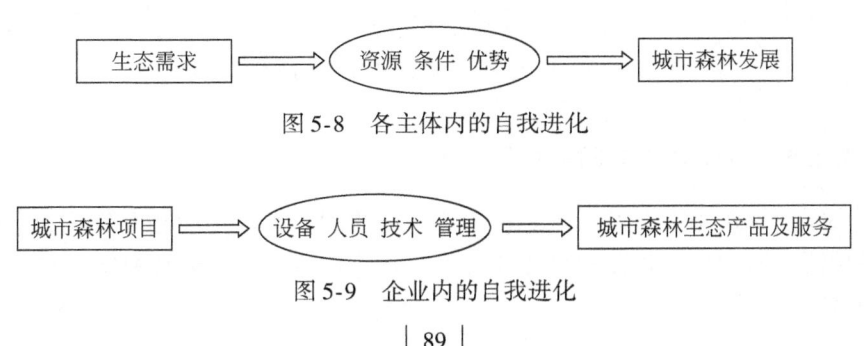

图 5-8　各主体内的自我进化

图 5-9　企业内的自我进化

5.3.2.2 治理主体间的协同发展

在治理动力作用下两治理主体间利用自身的不同的自我进化产出，相互合作、交流，建立密切的协同关系（图 5-10）。

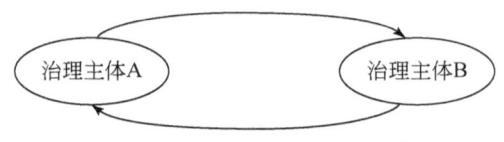

图 5-10　两主体间的协同进化

这种协同关系有城市政府与城市林业企业、城市政府与民间组织、城市政府与城市市民、城市林业企业与民间组织、城市林业企业与城市市民、民间组织与城市市民等之间的关系，如城市政府和城市市民的协同进化（图 5-11）。在协同动力作用下，城市森林多主体协同治理中，城市市民对城市政府不断提出改善城市环境的诉求，并参与义务植树等活动，从多方面监督城市政府的城市森林相关行为，不断参与城市建设和社会管理，促进城市的可持续发展。城市政府内部有自己的协同进化，可以制定有利于城市市民参与城市森林互动的政策和机制，给城市市民的公民化成长营造一个良好的环境氛围，从而有利于城市市民的参与。城市市民经过本身的协同进化提出城市森林的科学合理化建议意见流入政府机构，为城市政府城市森林建设增加力量，同时城市市民也会把政府的城市森林规划、建设、管理实施后的信息反馈给城市政府，从而城市政府可以根据很多的反馈信息，不断地完善现有的城市森林规划、建设和管理政策，制定新政策。这样，城市政府不断地完善规划、建设与管理方案政策，城市市民不断提出诉求、志愿参与和监督反馈，城市市民和政府之间经过不止一次的互动交流与合作，便形成了城市市民-城市政府的协同发展。

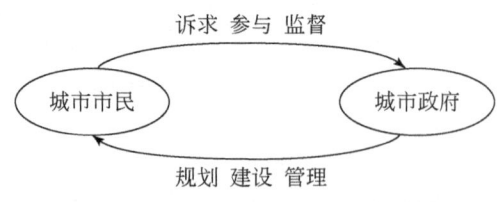

图 5-11　城市市民-城市政府的协同发展

5.3.2.3 治理多主体间的协同发展

在协同动力作用下，城市森林多主体协同治理子系统之间相互作用，各个子系统在功能上的耦合，相互提供进化支持，进而形成一个超循环系统（图5-12）。

在超循环中协同治理能够有效地整合城市政府、城市林业企业、民间组织和城市市民的力量，实现城市森林的发展，促进城市生态文明。各治理主体与治理系统之间双向互动，一方面投入自己的优势资源，参与协同治理活动；另一方面，从协同治理中获取收益。

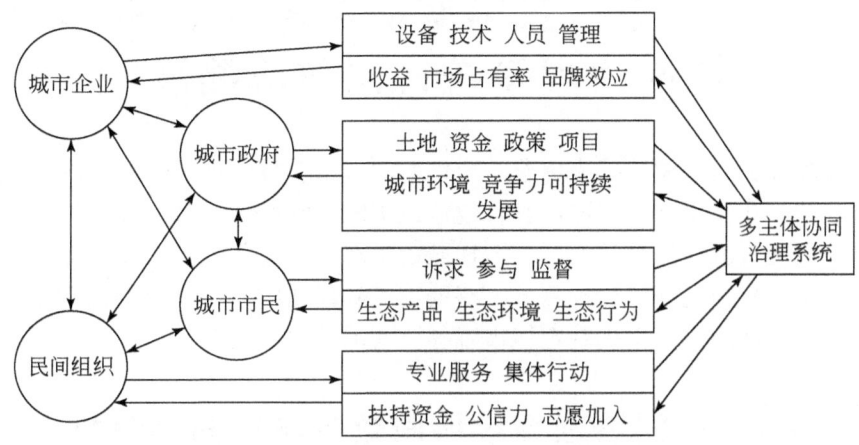

图 5-12　城市森林多主体协同治理的超循环

第 6 章　我国城市森林多主体协同治理系统协同效应测度

城市森林协同治理系统决定着一个市域的城市森林治理主体要素和非主体要素在非线性相互作用下实现城市森林效益最优的协同程度，其对加速城市资源优化配置，促进城市森林科学发展，实现城市生态文明起着重要作用。对城市森林协同治理系统协同度进行合理测度，有助于正确评估城市森林协同治理水平和城市森林协同治理能力，正确制定城市森林协同治理政策措施。

6.1　协同治理系统协同效应与协同度分析

城市森林协同治理系统探究的最终目的在于使整个系统达到某一程度的协同状态，具体落实到协同效应和协同度的研究上来，对其进行测度研究与实证成为经济与管理学科研究的重点（表6-1）。

表6-1　2010年以来中国知网收录的经济与管理学科关于协同测度的博士论文

类别	题名	作者	来源	发表时间	指标体系维度
协同效应	区域产业转移的综合协同效应研究——基于京津冀产业转移的实证分析	王建峰	北京交通大学	2012-12-14	产业转移中的产业梯度差、承接能力、交通信息便利性以及互补性
	中国区际产业转移的动因与协同效应研究	刘英基	南开大学	2012-05-01	理论分析
	多式联运型物流企业并购的网络协同效应研究	郭琴	北京交通大学	2011-06-01	物流组织网络协同、物流信息网络协同、物流业务网络协同、外部环境协同

续表

类别	题名	作者	来源	发表时间	指标体系维度
协同度	商业地产中地产与零售企业间的协同效应研究	羊卫辉	暨南大学	2010-11-08	经营协同、财务协同、无形资产协同和管理协同
	中国装备制造业技术选择的协同度研究	张海笔	辽宁大学	2013-12-01	选择主体的有序度、创新系统有序度
	供应链协同度评价模型研究	张令荣	大连理工大学	2011-11-07	商流有序度、物流有序度、信息流有序度、资金流有序度、知识流有序度

6.1.1 协同效应分析

协同效应是指由于协同作用而产生的结果，指系统中子系统相互作用而产生的整体效应，原理就是复杂系统内各子系统之间的互动，产生出超越各要素单独作用的效果。其重要途径是对系统内分散资源的有效调整组合，经过有效调整组合后产生大于各个独立部分价值之和的效益。

城市森林协同治理系统的协同效应是指把与城市森林治理有关的治理主体的分散有限资源通过调整组合后，使其整体整合价值大于各个独立治理主体价值之和的效益。也就是将城市政府、城市林业企业、民间组织和城市市民中在城市森林治理中分散的资源进行有效整合，从而使各治理主体之间（或治理系统内部各要素之间）的配合比例达到最佳，其整体效能发生倍增或放大，促进城市森林的科学发展，达到城市森林生态效益优先、社会效益彰显、经济效益兼顾，最终实现城市生态文明的目标。

定义 协同治理系统协同效应是定义在 N（系统中要素数量）的一切子集的集上的实值函数 V，并满足条件：①$V(\emptyset) = 0$，$\emptyset$ 为空集；②$V(\{1, 2, 3, \cdots, m\}) = \sum_i V(\{i\})$，$(i = 1, 2, 3, \cdots, m)$；③$V(\{1, 2, 3, \cdots, m\}) \geq \sum_i V(\{i\})$，$(i = 1, 2, 3, \cdots, m)$。

条件①的含义是治理主体各自作用，其效应为0，这是显然的；

条件②的含义是治理主体开始协同，有合作行为，但无协同性。

条件③的含义是治理主体在治理机制完善、治理模式运用、治理信息共享、治理环境促进等附加条件下，治理系统的协同效应 $V(\{1, 2, 3, \cdots, m\})$ 大于治理主体开始协同时的所得最大效应之和，即 $\sum_i V(\{i\})$，$(i = 1, 2, 3, \cdots, m)$。只有这样才能形成协同治理系统，否则难以实现和长久。

协同论提出：一个系统从无序向有序转化的关键是，在一定条件下，它的子系统之间通过非线性的相互作用能够产生协同现象和相干效应，这个系统就能够在宏观上产生时间结构、空间结构或时空结构，从而形成一定功能的自组织结构，表现出新的有序状态。能够产生系统整体的涌现现象，可通过式（6-1）体现。

设城市森林协同治理系统协同效应表示为 SSE（system synergy effects），X_i，X_j，$\cdots$，X_n 为子系统所具有的功能，则有

$$SSE = \sum_{i=1}^{n} r_i X_i + \sum_{i=1}^{n}\sum_{j=1}^{n} r_{ij} X_i X_j + \sum_{i=1}^{n}\sum_{j=1}^{n}\sum_{k=1}^{n} r_{ijk} X_i X_j X_k + \cdots \quad (6\text{-}1)$$

式中，$\sum_{i=1}^{n} r_i X_i$ 表示原有子系统功能的简单叠加，体现的是线性作用机制，而 $\sum_{i=1}^{n}\sum_{j=1}^{n} r_{ij} X_i X_j (i \neq j)$，$\sum_{i=1}^{n}\sum_{j=1}^{n}\sum_{k=1}^{n} r_{ijk} X_i X_j X_k (i \neq j \neq k)$，$\cdots$表示各子系统之间非线性协同作用产生的新功能，这些涌现出的新功能恰恰体现出协同的效应所在。各子系统内部要素之间的协同同样符合上述功能涌现规律。系统要涌现出部分没有而整体具有的新功能、新性质，就必须满足 $\sum_{i=1}^{n}\sum_{j=1}^{n} r_{ij} X_i X_j (i \neq j)$，$\sum_{i=1}^{n}\sum_{j=1}^{n}\sum_{k=1}^{n} r_{ijk} X_i X_j X_k (i \neq j \neq k)$，$\cdots$各非线性项不同时为零，即必须进行相关子系统和要素之间的有效整合与协同治理。同时，随着 X_i 自身的变化，以及 $\sum_{i=1}^{n}\sum_{j=1}^{n} r_{ij} X_i X_j (i \neq j)$，$\sum_{i=1}^{n}\sum_{j=1}^{n}\sum_{k=1}^{n} r_{ijk} X_i X_j X_k (i \neq j \neq k)$，$\cdots$各项的变化，协同后系统的功能和性质也在不断地变化（王旭东，2014）。

根据式（6-1），可见协同会使城市森林协同治理系统在协同效应上有一个增量，正是理论上正的增量的存在才使系统的协同问题的研究具有实际的价值和应用的意义。体现出在一定的简单规则下，系统中产生出的超越规则的、系统整体具有而组成部分不具有的一些特性。

6.1.2 协同度分析

协同度是由各子系统内部有序度综合决定的，表明在发展过程中系统之间或系统要素之间协调有序的程度，体现了系统由无序走向有序的趋势。城市森林协

同治理系统协同度是指面对内外部治理环境的要求、各治理主体的利益诉求,治理体系有序、灵活、快速响应要求,达成城市森林善治的能力。一般讲,协同度越高的治理体系,其治理能力越强。

对城市森林协同治理系统协同度的测度可以及时掌握其协同的状态并进行调整,从而不断提高城市森林协同治理系统的协同效应。"系统协同度=1"表示评价体系的要素之间达到了经济学意义上的最适组合,它反映了治理主体间(或网络内部各要素之间)的协调程度。

城市森林协同治理系统是指在大力推进生态文明建设、城市社会转型、城市森林建设热潮再兴背景下,在对传统城市森林多主体协同治理改革基础上,在治理目标发挥引导作用、治理模式发挥促进作用、治理机制发挥保障作用、治理信息发挥共享作用下,由城市政府、城市林业企业、民间组织、社会公众围绕城市森林科学发展、城市森林效益实现协同互动构成的体系。根据城市森林协同治理系统的内涵及协同学理论,把城市森林协同治理作为一个有机的整体,是由城市政府、城市林业企业、民间组织、社会公众治理主体层面和城市森林治理客体层面以及治理环境等外部保障层面组成,各层面之间相互作用、协调配合使系统内部各种资源得到充分利用,系统要素和谐一致,城市森林可持续发展,城市森林效益实现。

据此,城市森林协同治理系统协同度内涵分为以下7个方面:①治理主体参与度,其是城市森林治理最能动的要素,其参与度发挥程度如何直接决定城市森林治理的绩效;②治理客体发展度,其是城市森林治理的基础,一切其他要素都要以此为基础进行构建及发挥作用;③治理模式适用度,其对城市森林的治理起促进性作用,应针对不同发展水平适用不同治理模式;④治理机制完善度,机制要素对城市森林治理起着重要保障作用,保障城市森林治理的正确方向以及矛盾的调处,是城市森林多主体协同治理建设的重要方面;⑤治理信息共享度,没有信息共享难有高效协同;⑥治理目标导向度,其是城市森林治理主体从分散活动到协同发展的核心要素;⑦治理环境促进度,环境要素为城市森林协同治理系统提供了前提和促进。由此,城市森林协同治理系统协同度包含以上7个方面。

6.1.3 协同效应与协同度关系分析

城市森林协同治理系统协同是指城市政府、城市林业企业、民间组织、社会公众各自内部及其四者之间与其治理对象城市森林以及治理环境、治理机制、治理模式、治理信息平台之间协调与配合,以系统内各子系统之间有效地相互协作为导向,实现系统的整体效能(城市森林科学发展、城市森林效益实现)最大化目标。

其系统整体效能和系统整体协同效应分别是

$$TE = \sum (E_O + E_I + E_P + E_U + E_W) \qquad (6-2)$$

式中，E_O 表示 SSE 中城市政府的效能；E_I 表示 SSE 中城市林业企业的效能；E_P 表示 SSE 中民间组织的效能；E_U 表示 SSE 中社会公众的效能；E_W 表示 SSE 中外部环境的效能。

$$TSSE = F(\{S_i\}, O, I, P, U, W) \qquad (6-3)$$

式中，O 表示 SSE 中城市政府协同的增加效能；I 表示 SSE 中城市林业企业协同的增加效能；P 表示 SSE 中民间组织协同的增加效能；U 表示 SSE 中社会公众协同的增加效能；W 表示 SSE 中外部环境协同的增加效能。

设城市森林协同治理系统某一时刻的现状为初始状态，记为 T_0，将 TSSE 在 T_0 点展开，得到

$$\begin{aligned}TSSE = & F(\{S_i\}, O, I, P, W)_0 \\ & + \sum_i (\partial F/\partial s_i)_0 \delta s_i + (\partial F/\partial O)_0 \delta O + (\partial F/\partial I)_0 \delta I \\ & + (\partial F/\partial P)_0 \delta P + (\partial F/\partial U)_0 \delta U + (\partial F/\partial W)_0 \delta W \\ & + 2\{\sum_i (\partial F^2/\partial s_i^2)_0 (\delta s_i^2) + (\partial F^2/\partial O^2)_0 (\delta O^2) + (\partial F^2/\partial I^2)_0 (\delta I)^2 \\ & + (\partial F^2/\partial P^2)_0 (\delta P)^2 + (\partial F^2/\partial U^2)_0 (\delta U)^2 + (\partial F^2/\partial W^2)_0 (\delta W)^2\} + \cdots\end{aligned}$$
$$(6-4)$$

整理、简化，得

$$\begin{aligned}\delta TSSE = & \sum_i (\partial F/\partial s_i)_0 \delta s_i + (\partial F/\partial O)_0 \delta O + (\partial F/\partial I)_0 \delta I \\ & + (\partial F/\partial P)_0 \delta P + (\partial F/\partial U)_0 \delta U + (\partial F/\partial W)_0 \delta W + \Delta \\ = & \Theta + \Delta\end{aligned} \qquad (6-5)$$

式中，Θ 表示城市森林协同治理系统各子系统各自改进对 $\delta TSSE$ 的贡献；Δ 表示系统协同对 $\delta TSSE$ 的贡献之和。

由此，得到城市森林协同治理系统协同性如下：

$$F = f[f_1\{s_i\}, f_2\{O\}, f_3\{I\}, f_4\{P\}, f_5\{U\}, f_6\{W\}] \qquad (6-6)$$

系统协同综合效应是由要素状态空间 T_i 组合形成的状态空间 T 来体现的，任何状态 t 必然对应着一定的协同度记为

$$F_t = f(t) \qquad (6-7)$$

因此，我们得到城市森林协同治理系统协同效应与协同度的关系为

$$TSSE_t = F[f^{-1}(F_t)] \qquad (6-8)$$

通过式（6-8），系统协同效应的本质体现为治理系统中各子系统的要素及子系统之间的协同度。城市森林协同治理系统的协同度越高，城市森林协同治理系统协同效应就越大。分析协同度的目的就是最大限度地提高城市森林协同治理协同效应。因此，城市森林协同治理协同度是衡量城市森林协同治理系统协同效应

的一个综合量化指标。

6.2 系统协同度测度模型

城市森林协同治理涉及的因素多，结构复杂，而各子系统之间的协调一致程度，决定了城市森林协同治理所构建的复杂系统由无序走向有序的程度和趋势，根据城市森林协同治理系统协同度内涵，依据协同学理论，构建城市森林协同治理系统7个子系统的协同度测度模型。具体包括各个子系统有序度测度模型、城市森林协同治理系统协同度测度模型（李桂君等，2014；鹿峰和李竟成，2007；汪良兵等，2014）。

6.2.1 子系统有序度模型

将城市森林协同治理作为一个复杂系统，为便于模型的建立，用 $X = \{X_1, X_2, X_3, X_4, X_5, X_6, X_7\}$ 来表示城市森林协同治理系统，其中 $X_1 \sim X_7$ 分别表示治理主体参与度系统 A、治理客体发展度系统 B、治理模式适用度系统 C、治理机制完善度系统 D、治理信息共享度系统 E、治理目标导向度系统 F 以及治理环境促进度系统 G 7个子系统。

对于任意子系统 X_i，$i \in \{1, 2, 3, 4, 5, 6, 7\}$，用变量 X_{ij}，$j \in \{1, 2, \cdots, n\}$ 来表示每个子系统所对应的序参量（指标），在本章中，各个子系统的序参量可以看做是城市森林协同治理系统的评价指标。其中 $n \geq 1$，表示每个子系统序参量（指标）的个数。例如，治理主体参与度系统 X_i 中 $n=11$，即指标体系中11个指标作为序参量进行分析。另用 α_{ij}，β_{ij} 分别表示序参量分量 X_{ij} 的下限和上限，即 $\alpha_{ij} \leq X_{ij} \leq \beta_{ij}$，在实际论证时可选择相关序参量的具体参照标准，或者用选择观测期范围内测度指标的最小值和最大值代替。为不失一般性，这里假定序参量 X_{i1}，X_{i2}，$\cdots$，X_{im}，$m \in [1, n]$ 为正向指标，即慢弛豫参量，其取值越大，子系统的有序度越高；序参量 $X_{i(m+1)}$，$X_{i(m+2)}$，$\cdots$，X_{in}，为逆向指标，即快弛豫参量，其取值越小，子系统的有序度越高。因此，城市森林协同治理系统各子系统序参量 X_{ij} 的系统有序度定义如下：

$$\mu_i(X_{ij}) = \begin{cases} \dfrac{X_{ij} - \alpha_{ij}}{\beta_{ij} - \alpha_{ij}}, & j \in [1, m] \\ \dfrac{\beta_{ij} - X_{ij}}{\beta_{ij} - \alpha_{ij}}, & j \in [m+1, n] \end{cases} \quad (6-9)$$

由式（6-9）可知，子系统序参量的有序度 $\mu_i(X_{ij}) \in [0, 1]$，且 $\mu_i(X_{ij})$ 越大，代表序参量 X_{ij} 对子系统的有序度贡献就越大。另外各序参量对子系统的总体贡献除与其有序度数值大小有关外，还和它们具体的组合形式有关，即各序参量的权重。在实际应用中常采用几何平均法或者线性加权求和法进行组合，本章拟采用线性加权求和法进行集成。所以定义子系统 X_i 的有序度测度模型为

$$\mu_i(X_i) = \sum_{j=1}^{n} w_j \mu_i(X_{ij})$$
$$0 \leq w_j \leq 1 \text{ 且 } \sum_{j=1}^{n} w_j = 1$$
(6-10)

由式（6-10）可知，$\mu_i(X_i) \in [0, 1]$，其值越大，说明子系统 X_i 的有序度越高，其中权重系数 w_j 表示序参量 X_{ij} 在保持子系统有序运行过程中所处的地位，可以通过熵权法求得，使用熵权法赋权 w_j 的具体步骤如下：

1）原始数据矩阵的标准化。本章选取各指标观测数值中的最大值和最小值分别作为各指标的上限和下限，利用式（6-9）的原理对城市森林协同治理评价指标体系中 2009～2013 年 5 年 7 个子系统 57 项评价指标以每个子系统为基准分别标准化处理，得到标准化后的矩阵 $R = (\gamma_{kj})_{5 \times n}$，其中行标 5 代表年份数，列标 n 代表各子系统评价指标的个数。例如，治理主体参与度系统 $n = 11$，而 γ_{kj} 表示第 $(2008 + k)$ 年第 j 项评价指标的标准值，$\gamma_{kj} \in [0, 1]$。

2）熵。各子系统 n 个评价指标中第 j 个指标的熵为

$$H_j = -k \sum_{i}^{5} f_{ij} \ln(f_{ij}), \quad j = 1, 2, \cdots, n$$
(6-11)

式中，$f_{ij} = \gamma_{ij} / \sum_{i}^{5} \gamma_{ij}$，$k = 1/\ln 5$，若 $f_{ij} = 0$ 时，令 $f_{ij}\ln(f_{ij}) = 0$

3）熵权。第 j 个指标的熵权为

$$w_j = \frac{1 - H_j}{n - \sum_{j=1}^{n} H_j}$$
(6-12)

式中，$0 \leq w_k \leq 1$ 且 $\sum_{k=1}^{n} w_k = 1$。

6.2.2 系统协同度模型

假设在给定初始时刻 t_0，城市森林协同治理系统的 7 个子系统的有序度分别为 $\mu_1^0(X_1)$、$\mu_2^0(X_2)$、$\mu_3^0(X_3)$、$\mu_4^0(X_4)$、$\mu_5^0(X_5)$、$\mu_6^0(X_6)$、$\mu_7^0(X_7)$，在城市森林

协同治理系统动态演变的另一时刻 t_1,此时 7 个子系统的有序度分别为 $\mu_1^1(X_1)$、$\mu_2^1(X_2)$、$\mu_3^1(X_3)$、$\mu_4^1(X_4)$、$\mu_5^1(X_5)$、$\mu_6^1(X_6)$、$\mu_7^1(X_7)$,则城市森林协同治理系统协同度测度模型可定义如下:

$$\rho = \theta \cdot \sqrt[7]{\prod_{i=1}^{7} |\mu_i^1(X_i) - \mu_i^0(X_i)|} \quad (6\text{-}13)$$

式中,θ 应满足以下条件:

$$\theta = \frac{\min_i(\mu_i^1(X_i) - \mu_i^0(X_i) \neq 0)}{|\min_i(\mu_i^1(X_i) - \mu_i^0(X_i) \neq 0)|} \quad (6\text{-}14)$$

式中,$i \in \{1,2,3,4,5,6,7\}$,由式(6-14)可知,当 7 个子系统的有序度随着时间都有所增加时,$\theta = 1$,否则有一个子系统的有序度随着时间变化下降时 $\theta = -1$,因此整个城市森林协同治理系统的协同度取值范围为 $\rho \in [-1, 1]$,ρ 的取值越大说明系统的协同发展程度越好。

6.2.3 系统的协同度形态

为对城市森林协同治理系统协同度进行合理地评价,本章参考相关学者的做法(肖秀华,2004;冯峰和汪良兵,2012;刘慧媛,2011),咨询相关管理专家和调研单位意见,根据协同度值的大小,依次将其划分为不协同形态、弱协同形态、一般协同形态、高效协同形态 4 类(表 6-2)(聂法良,2015)。

表 6-2 城市森林协同治理系统协同度等级及评价标准

协同形态	协同度	说明
高效协同形态	$0.80 \leq \rho \leq 1$	治理系统运行效果显著,治理要素内外部协同性高,协同效应高
一般协同形态	$0.60 \leq \rho < 0.80$	治理系统刚刚进入良性运行阶段,各治理主体及治理要素之间协同性较强,运行效果较好
弱协同形态	$0.40 \leq \rho < 0.60$	治理系统由初级阶段向良性运行阶段过渡,内外部资源处于重新配置之中,治理主体间及各要素间的关系也处于调整之中,协同性比较低,初步体现协同效应
不协同形态	$0 \leq \rho < 0.40$	治理系统运行处于初级阶段,协同性很低,协同效应不明显

6.3 系统协同度指标体系的构建

6.3.1 指标体系构建的程序

作为城市森林协同治理工作资源配置、过程控制、效果（效益）达成的全过程具体体现的城市森林协同治理系统协同度评价指标体系，有其鲜明的特点，与城市经济社会密切相连，涉及城市政府、城市林业企业、民间组织、城市市民等多主体，有其复杂性，是多层次的动态系统。其指标体系的构建必须适合城市森林治理的特点，需对评价目标进行逐步分解、细化与完善，采取科学流程构建（图6-1），使指标体系更为科学与客观。

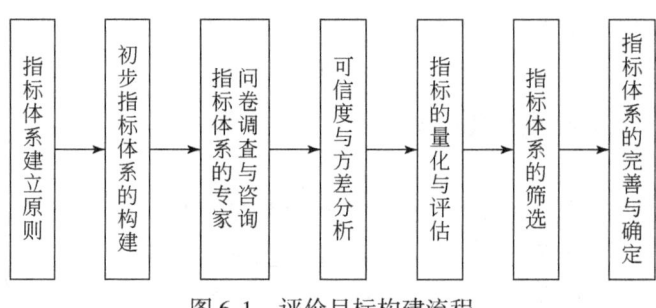

图6-1 评价目标构建流程

6.3.2 指标体系构建的原则依据

指标体系是一个有机整体，不能只是一些指标的简单集合，而是建立在一定原则基础上的指标集合。依据城市森林协同治理的内涵，构建城市森林协同治理协同度指标体系应遵循如下原则。

1）系统性与科学性相结合的原则。城市森林协同治理系统协同度指标的系统性表现在治理主体、治理客体、治理模式、治理机制、治理信息、治理目标、治理环境7个方面的相互匹配与协同发展中。系统性原则要求评价指标体系应包括这7个方面的基本要素。同时面对协同治理系统的复杂性，因此在设定衡量指标时，应坚持科学性，在理论分析的基础上，充分借鉴相关治理系统的研究结果，找到科学反映协同度的指标，做到系统性和科学性的结合。

2）相关性与代表性相结合的原则。面对可选取的众多指标，要选取与评价目标有直接的联系，能够反映城市森林协同治理系统协同度的内容，选取针对性强，具有代表性，符合评价对象具体要求的指标。

3）内部发展与外在驱动指标相结合原则。城市森林协同治理系统要实现协同不仅有内在的动力，更需要外在的驱动力，在内外动力作用下实现协同。因此在指标的选取上，应当坚持内外驱动性指标相结合的原则，内部除了选取治理主体、治理客体等必须指标，还要选取体现导向力的治理目标、促进作用的治理模式、保障作用的治理机制的指标。外在驱动指标是指生态文明建设战略牵引、城市发展生态需求、市民生态诉求、城市森林政府治理失灵等为城市森林协同治理系统提供动力的指标。

4）现实性与可操作性相结合原则。城市森林发达地区在美国、加拿大、英国、澳大利亚等发达国家，在构建指标体系时应最大限度借鉴参考国际先进的研究成果，但是具体选取时应考虑中国国情、中国城市森林建设的特点，形成适应中国特点的城市森林协同治理的理论框架。同时充分考虑城市森林协同治理协同度测度的实际难度以及数据资料的易得性，充分考虑现阶段的实际需要，建立城市森林治理协同度评价的实用性框架。多主体协同治理纷繁复杂，涉及很多要素，尽量采用相对简单的可操作统计和计算方法，但又要确保有效性，这样对推进协同度测算具有更大的现实意义。

6.3.3 指标体系的构建

6.3.3.1 指标体系的初步确定

为了得出体系中的具体指标，使指标体系科学有效，本书首先采用文献研究法，利用各种中外期刊数据库，检索和分析与城市森林协同治理系统、协同度等相关的文献，汇总和整理指标，形成一个城市森林协同治理系统协同度评价初建指标体系（表6-3）。

表6-3 城市森林协同治理系统协同度评价初建指标体系

一级指标	二级指标	三级指标	标识	单位	指标解释
城市森林多主体协同治理协同度	治理主体参与度（A）	有关公共管理法人单位数	A01	个	有关的机关、事业单位、居委会、村委会数量
		城市林业系统单位个数	A02	个	林业系统机关、企业、事业单位数量
		有关民间组织数量	A03	个	有关的社会团体法人单位数量

续表

一级指标	二级指标	三级指标	标识	单位	指标解释
城市森林多主体协同治理协同度	治理主体参与度（A）	林业从业人员人数	A04	人	林业系统机关、事业、企业单位年末人数
		有关民间组织会员人数	A05	人	有关的社会团体法人单位会员人数总和
		城市年末总人口	A06	万人	
		参与城市森林规划、建设、管理的决策情况	A07	五分制	城市林业企业、民间组织和市民参与城市森林决策等情况判断
		全民义务植树尽责率	A08	百分比	（实际参加义务植树人数/有义务参加义务植树人数）×100%
		城市林业事务财政预算支出占总支出比重	A09	百分比	（林业事务财政预算支出/财政预算总支出）×100%
		林业固定资产投资	A10	万元	计划总投资在500万元以上的城镇林业固定投资项目和农村非农户林业固定资产投资项目
		有关民间组织筹集资金情况	A11	五分制	筹集资金的能力及数量情况
		城市市民捐助情况	A12	五分制	积极捐助资金、认捐树木等情况判断
	治理客体发展度（B）	市域森林覆盖率	B01	百分比	（市域森林面积/市域国土面积）×100%
		建成区绿化覆盖率	B02	百分比	（建成区内绿化覆盖面积/建成区总面积）×100%
		城市人均休闲绿地	B03	m²	城市休闲绿地面积/城市人口数量
		城市公园数量	B04	个	
		城市森林生态廊道贯通性	B05	五分制	重点生态区的骨干河流、道路的绿化带达到一定宽度情况
		水岸绿化	B06	五分制	水岸绿化情况

续表

一级指标	二级指标	三级指标	标识	单位	指标解释
城市森林多主体协同治理协同度	治理客体发展度（B）	道路绿化率	B07	百分比	（道路绿化长度/道路总长度）×100%
		新建完善农田林网亩数	B08	万亩	
		郊区绿化	B09	五分制	郊区乡村绿化、乡村旅游、乡村生态产业发展情况
		郊区生态产业产值	B10	万元	
		乡土树种使用	B11	五分制	乡土树种在城市绿化中的使用情况
		城市森林自然度	B12	五分制	森林的现实状况与自然状况之间的距离或差异
		涉林违法案件	B13	件	乱砍滥伐、乱占林地等各类破坏城市森林资源违法犯罪案件
	治理模式适用度（C）	重视模式塑造	C01	五分制	认识模式塑造对协同治理的促进作用情况
		模式构建	C02	五分制	注重治理模式建设情况
		模式选择	C03	五分制	选择适用模式情况
		模式创新	C04	五分制	进行模式创新情况
		模式转换	C05	五分制	进入一定发展水平模式转换情况
	治理机制完善度（D）	重视机制构建	D01	五分制	重视机制构建情况
		运行机制建设	D02	五分制	为协同治理提供基础、条件、动力的机制建设及完善情况
		保障机制建设	D03	五分制	在协同治理过程中及时对价值失衡、利益诉求、矛盾冲突进行处理的机制建设及完善情况
		机制创新	D04	五分制	进行机制创新情况
		机制完善	D05	五分制	不断完善机制情况
		机制作用	D06	五分制	机制作用发挥情况

续表

一级指标	二级指标	三级指标	标识	单位	指标解释
城市森林多主体协同治理协同度	治理信息共享度（E）	林业与环境信息化管理平台建设	E01	五分制	
		区域互联网累计用户数	E02	万户	
		全市有线电视用户数	E03	万户	
		百户家庭移动电话拥有量	E04	部	
		信息共享广度	E05	五分制	城市森林相关信息和数据分布与协同治理主体间的数量与层级
		信息共享深度	E06	五分制	治理主体在信息共享内容如城市森林的规划、建设、管理等各个方面的共享的深入程度
	治理目标导向度（F）	市区空气质量优良率	F01	百分比	（空气质量优良天数/年天数）×100%
		市区区域环境噪声平均等效声级	F02	分贝	55分贝以下的为良好，55~57分贝的为轻度污染，57~60分贝为中等污染，60分贝以上的污染严重
		市区道路交通噪声平均等效声级	F03	分贝	
		夏季平均气温	F04	℃	夏季3个月份平均气温总和/3
		主要河流水质功能区达标率	F05	百分比	（监测断面水质达标次数/总检测次数）×100%
		公众对城市环境的满意情况	F06	五分制	
		对市民绿色消费的影响	F07	五分制	市民绿色低碳适度消费情况
		对城市林业企业生产方式的作用	F08	五分制	承担生态社会责任、节约资源、改变经济发展方式情况
		对城市生态文化的影响	F09	五分制	保持塑造城市风情、文脉和特色
		对城市竞争力的作用	F10	五分制	优美宜居环境提升城市竞争力情况

续表

一级指标	二级指标	三级指标	标识	单位	指标解释
城市森林多主体协同治理协同度	治理信息共享度（F）	城市生产总值	F11	万元	城市所有常住单位在一定时期内所生产的全部最终产品和服务的价值总和
		林业产业总产值	F12	万元	农林牧渔业总产值×林业在农林牧副渔业产值结构值
		森林生态服务总价值	F13	万元	森林景观和森林生态环境的经济效益
		森林旅游人数	F14	万人次	
	治理环境促进度（G）	生态文明建设战略牵引情况	G01	五分制	贯彻落实生态文明建设战略情况
		城市发展生态需求情况	G02	五分制	城市生态状况及改善需求情况
		市民生态诉求情况	G03	五分制	市民意识的觉醒及环境抗争行动情况
		城市森林政府治理失灵情况	G04	五分制	政府单一治理的困境、效果、效率情况

6.3.3.2 指标体系的筛选

为了增强指标体系的科学性和合理性，对初建指标体系依次经过专家调查与咨询［德尔菲（Delphi）法］、隶属度等分析对指标进行筛选和结构优化。最后，通过信度和效度检验指标体系的有效性。

对于咨询专家的结果，一般采用以下几个统计参数进行分析。

（1）集中度分析

集中度用参数 $\overline{E}_i$ 表示，其表达式如式（6-15）所示。

$$\overline{E}_i = \sum_{j=1}^{7} E_{ij} m_{ij}/d, \quad i = 1, 2, \cdots, n \quad (6-15)$$

式中，$i(i = 1, 2, \cdots, n)$ 表示指标数量集；$\overline{E}_i$ 表示专家对第 i 个指标意见的集中度；E_{ij} 表示第 i 个指标第 j 级重要程度的量值$\{1, 2, 3, 4, 5, 6, 7\}$，分别代表$\{$非常不符合，比较不符合，稍微不符合，一般符合，稍微符合，比较符合，非常符合$\}$；m_{ij} 表示第 i 个指标第 j 级重要程度的专家人数；d 表示专家总人数。

(2) 离散程度分析

离散程度用参数 σ_i 表示，其表达式如式（6-16）所示。

$$\sigma_i = \left[\sum_{j=1}^{7} m_{ij}(E_{ij} - \overline{E}_i)^2/(d-1)\right]^{1/2}, \quad i = 1, 2, \cdots, n \quad (6\text{-}16)$$

式中，σ_i 表示专家对第 i 个指标的重要程度评价的分散程度，值越小，表明专家评价结果的分散程度越小。

(3) 协调程度分析

专家意见的协调程度是一项十分重要的指标，通过计算可以判断专家对每项指标的评价是否存在较大分歧或者找出高度协调专家组和持不同意见的专家，同时也是咨询结果可信度的指标。常用衡量协调程度的指标是专家意见协调系数表示 m 个专家对 n 个指标的协调程度。专家意见的协调系数为 0~1，一般来讲，该系数越大，说明专家意见协调程度越高，其计算方法如下。

协调程度用参数 V_i 和 W 共同表征，其中 V_i 反映专家对第 i 个指标评价的一致性程度，W 表示专家对整个评价指标体系的一致性程度，其表达式如下：

$$V_i = \sigma_i/\overline{E}_i \quad (6\text{-}17)$$

按专家对各指标的评价等级递减排队，每个指标赋予相应的秩次，对 i 指标评价的专家分别给出等级（秩次）求和就是 i 指标的等级总和。其计算公式为

$$S_i = \sum_{k=1}^{m} R_{ki}, \quad M_{si} = \left(\sum_{i=1}^{n} S_i\right)/n \quad (6\text{-}18)$$

式中，S_i 表示 i 指标的等级和；R_{ki} 表示 k 专家对 i 指标的评价等级；M_{si} 表示全部指标评价等级的算术平均数，显然，S_i 越小，该指标越重要。

计算指标等级和的离均差平方和：

$$d_i = S_i - M_{si} \quad (6\text{-}19)$$

$$S = \sum_{i=1}^{n} d_i^2 = \sum_{i=1}^{n} (S_i - M_{si})^2 \quad (6\text{-}20)$$

式（6-19）表示 i 指标的离均差，式（6-20）表示 i 指标等级和的离均差平方和。

$$W = \frac{12}{m^2(n^3 - n)} S \quad (6\text{-}21)$$

式（6-21）中 W 表示所有 m 个专家对全部 n 个指标的协调系数；m 表示专家总数；n 表示指标总数。

当有相同等级时，式（6-21）的分母要减去修正系数 T；此时 W 的计算公式如下：

$$W = \frac{12}{m^2(n^3 - n) - m\sum_{k}^{m} T_k} S, \quad T_k = \sum_{k=1}^{L}(t_k^3 - t_k) \quad (6\text{-}22)$$

式（6-22）中 T_k 表示相同等级指标；L 表示 k 专家在评价中相同的评价组数；

t_k 表示在 L 组中相同等级数。

计算 W 后需对其进行显著性检验，其方法主要如下。

1）当评价人数 m 在 3~20，被评价对象 n 在 3~7 时，可查《肯德尔和谐系数 W 显著性临界值表》，检验 W 是否达到显著性水平。若实际计算的 s 值大于 m，n 相同的表内临界值，则 W 达到显著水平。

2）当被评价对象 $n > 7$ 时，则可用如下的 χ^2 统计量对 W 是否达到显著水平做检验。

设 H_0：评价者意见不一致。

则：$\chi^2 = m(n-1)W$，根据自由度为 $(n-1)$，查表找出 $\chi^2(n-1)_{0.05}$，如果 $\chi^2 \leqslant \chi^2(n-1)_{0.05}$，则认为专家对整个评价指标体系的意见不一致；若 $\chi^2 \geqslant \chi^2(n-1)_{0.05}$，则拒绝 H_0，认为专家的评价结集存在显著一致。

为建立评价体系，共发放问卷 20 份，回收 19 份，回收后经对问卷进行检查，均有效，专家对本项研究的关心、合作程度很高。

调查问卷经过整理，得到统计数据，参见附录。根据式（6-8）对城市森林多主体协同治理协同效应作协调分析和 χ^2 检验，并按 $\alpha = 0.05$ 水平查表比较，得

$$W = \frac{12\sum_{i=1}^{60}(S_i - M_{si})^2}{19^2(60^3 - 60) - 19\sum_{k=1}^{19}T_k} = 0.1011$$

$$\chi^2 = m(n-1)W = 19 \times 59 \times 0.1011 = 113.333$$

因为 $\chi^2 = 113.333 \geqslant \chi^2(59)_{0.05} = 77.931$，所以认为 19 位专家对 60 个指标的评价具有显著的一致性。

6.3.3.3 指标体系的筛选结果

再根据式（6-15）~式（6-17），利用 SPSS 22.0 计算出体系指标的集中度、离散度和单指标的一致程度（即变异系数，它反映了数据离散的程度，其数据大小不仅受变量值离散程度的影响，而且还受变量值平均水平大小的影响，数据越小说明专家的评价一致程度越高），具体参见表 6-4（聂法良，2015）。

表 6-4　各个指标的集中度、离散度和一致程度

三级指标	标识	$\overline{E}_i$	σ_i	V_i
有关公共管理法人单位数	A01	5.1053	1.1496	0.2252
城市林业系统单位个数	A02	5.4737	1.1239	0.2053
有关民间组织数量	A03	5.0526	0.9113	0.1804
林业从业人员人数	A04	5.1579	1.1187	0.2169
有关民间组织会员人数	A05	5.0526	0.9703	0.1920

续表

三级指标	标识	$\bar{E}_i$	σ_i	V_i
城市年末总人口	A06	4.3158	1.4550	0.3371
参与城市森林规划、建设、管理的决策情况	A07	5.4211	1.0174	0.1877
全民义务植树尽责率	A08	5.4737	1.0733	0.1961
城市林业事务财政预算支出占总支出比重	A09	5.5789	1.0706	0.1919
林业固定资产投资	A10	5.6316	1.2566	0.2231
有关民间组织筹集资金情况	A11	5.1053	0.8753	0.1714
城市市民捐助情况	A12	5.2105	1.1822	0.2269
市域森林覆盖率	B01	6.1579	1.0145	0.1648
建成区绿化覆盖率	B02	6.0000	0.7454	0.1242
城市人均休闲绿地	B03	5.4737	0.9048	0.1653
城市公园数量	B04	5.3684	1.3000	0.2422
城市森林生态廊道贯通性	B05	5.4737	1.1239	0.2053
水岸绿化	B06	5.1579	1.1187	0.2169
道路绿化率	B07	5.7895	0.8550	0.1477
新建完善农田林网面数	B08	5.1053	0.9941	0.1947
郊区绿化	B09	5.7368	0.6534	0.1139
郊区生态产业产值	B10	4.1579	1.5005	0.3609
乡土树种使用	B11	5.3684	1.3829	0.2576
城市森林自然度	B12	5.3684	1.1161	0.2079
涉林违法案件	B13	5.1053	1.1496	0.2252
重视模式塑造	C01	5.2105	0.9763	0.1874
模式构建	C02	5.4211	1.3045	0.2406
模式选择	C03	5.1053	1.1496	0.2252
模式创新	C04	5.4211	0.9016	0.1663
模式转换	C05	5.6316	1.0651	0.1891
重视机制构建	D01	5.8947	0.8093	0.1373
运行机制建设	D02	5.3684	0.8951	0.1667
保障机制建设	D03	5.7368	0.7335	0.1279
机制创新	D04	5.3684	1.1161	0.2079
机制完善	D05	5.8421	0.8983	0.1538

续表

三级指标	标识	$\bar{E}_i$	σ_i	V_i
机制作用	D06	5.2105	1.0317	0.1980
林业与环境信息化管理平台建设	E01	5.7368	1.0976	0.1913
区域互联网累计用户数	E02	5.2105	1.1822	0.2269
全市有线电视用户数	E03	5.4211	1.2164	0.2244
百户家庭移动电话拥有量	E04	5.3684	1.3000	0.2422
信息共享广度	E05	5.5789	0.8377	0.1502
信息共享深度	E06	5.8421	0.7647	0.1309
市区空气质量优良率	F01	6.1053	0.8753	0.1434
市区区域环境噪声平均等效声级	F02	5.9474	0.7799	0.1311
市区道路交通噪声平均等效声级	F03	4.8421	1.1673	0.2411
夏季平均气温	F04	5.3158	1.1082	0.2085
主要河流水质功能区达标率	F05	5.4211	1.1213	0.2068
公众对城市环境的满意情况	F06	6.1053	0.9366	0.1534
对市民绿色消费的影响	F07	5.1053	1.2865	0.2520
对城市林业企业生产方式的作用	F08	5.1053	1.0485	0.2054
对城市生态文化的影响	F09	5.6316	1.1161	0.1982
对城市竞争力的作用	F10	5.3158	0.9459	0.1779
城市生产总值	F11	5.5263	1.0733	0.1942
林业产业总产值	F12	5.4211	0.9612	0.1773
森林生态服务总价值	F13	6.0526	1.1291	0.1865
森林旅游人数	F14	5.5263	1.1723	0.2121
生态文明建设战略牵引情况	G01	5.5789	0.9016	0.1616
城市发展生态需求情况	G02	5.3158	1.3355	0.2512
市民生态诉求情况	G03	5.3158	1.0569	0.1988
城市森林政府治理失灵情况	G04	5.6316	1.4225	0.2526

  根据以上计算结果，本章选取集中度为5.0以上，变异系数为0.3以下的评价指标，保证筛选出的指标体系满足敏感性、代表性、特异性和简明性的要求。如果这一条件不能满足，则该指标被变异系数法淘汰。经筛选符合条件的具有7个维度和57个指标的城市森林协同治理系统协同度评价指标体系列表如下（图6-2）（聂法良，2015）。

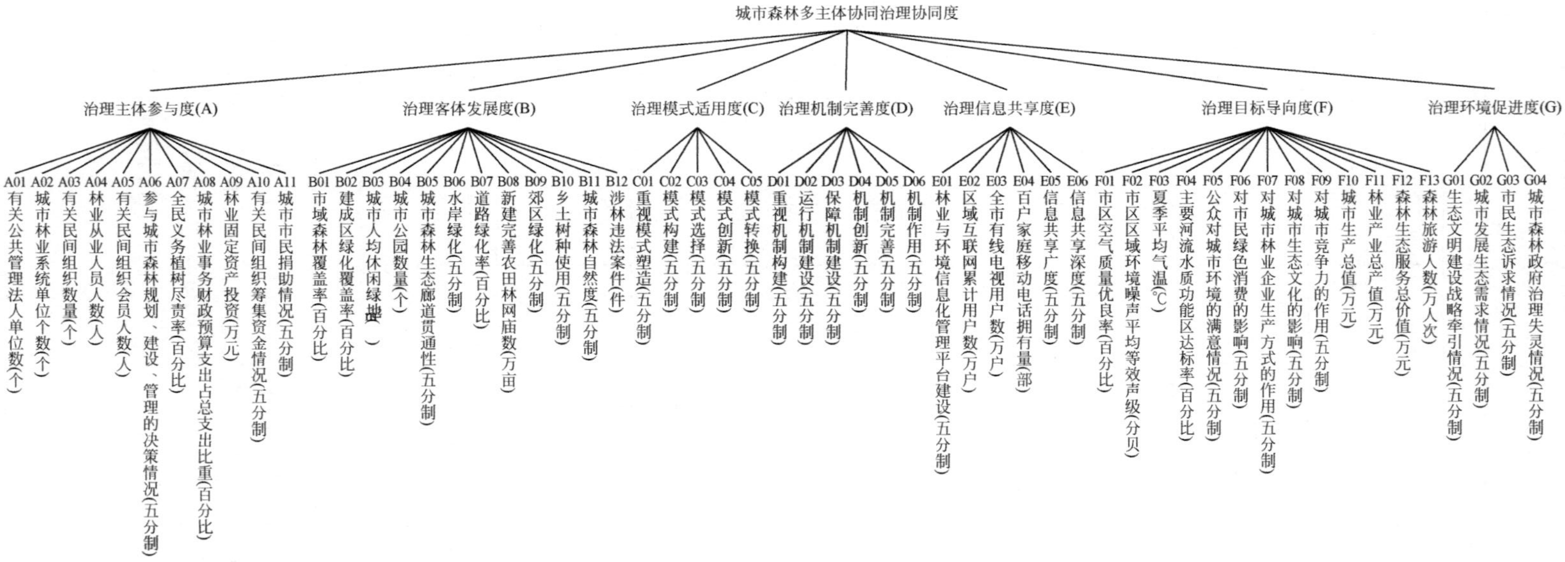

城市森林多主体协同治理协同度

- 治理主体参与度(A)
  - A01 有关公共管理法人单位数(个)
  - A02 城市林业系统单位人数(个)
  - A03 有关民间组织数量(个)
  - A04 有关林业从业人员人数(人)
  - A05 有关民间组织会员人数(人)
  - A06 城市森林规划、建设、管理的决策情况(五分制)
  - A07 全民义务植树尽责率(百分比)
  - A08 城市林业财政预算支出占总支出比重(百分比)
  - A09 林业固定资产投资额(万元)
  - A10 有关民间组织募集资金情况(五分制)
  - A11 城市市民捐助情况(五分制)

- 治理客体发展度(B)
  - B01 城市森林覆盖率(百分比)
  - B02 建成区绿化覆盖率(百分比)
  - B03 城市人均休闲绿地面积( )
  - B04 城市公园数量(个)
  - B05 城市森林生态廊道连通性(五分制)
  - B06 水岸绿化率(百分比)
  - B07 道路绿化率(百分比)
  - B08 新建完善农田林网亩数(万亩)
  - B09 郊区绿化建设情况(五分制)
  - B10 乡土树种使用度(五分制)
  - B11 城市森林自然度(五分制)
  - B12 涉林违法案件(件)

- 治理模式适用度(C)
  - C01 重视模式构建强化建设(五分制)
  - C02 模式选择(五分制)
  - C03 模式创新(五分制)
  - C04 模式转换(五分制)
  - C05 模式适用(五分制)

- 治理机制完善度(D)
  - D01 重视机制构建(五分制)
  - D02 运行机制建设(五分制)
  - D03 保障机制建设(五分制)
  - D04 机制创新(五分制)
  - D05 机制完善(五分制)
  - D06 机制作用(五分制)

- 治理信息共享度(E)
  - E01 林业与环境信息化管理平台建设(五分制)
  - E02 区域互联网累计用户数(万户)
  - E03 全市有线电视用户数(万户)
  - E04 百户家庭移动电话拥有量(部)
  - E05 信息共享广度(五分制)
  - E06 信息共享深度(五分制)

- 治理目标导向度(F)
  - F01 市区空气质量优良率(百分比)
  - F02 市区域环境噪声平均等效声级(分贝)
  - F03 夏季平均气温(℃)
  - F04 主要河流水质功能达标率(百分比)
  - F05 公众对城市环境的满意情况(五分制)
  - F06 对市民绿色消费的影响(五分制)
  - F07 对城市林业企业生产方式的作用(五分制)
  - F08 对城市生态文化的影响(五分制)
  - F09 对城市竞争力的作用(五分制)
  - F10 城市生产总值(万元)
  - F11 林业产业总产值(万元)
  - F12 森林生态服务总价值(万元)
  - F13 森林旅游人数(万人次)

- 治理环境促进度(G)
  - G01 生态文明建设战略奉行情况(五分制)
  - G02 城市发展生态需求情况(五分制)
  - G03 市民生态诉求情况(五分制)
  - G04 城市森林治理失灵情况(五分制)

图6-2 城市森林协同治理系统协同度评价指标体系

6.4 系统协同度实证分析

6.4.1 案例选择与简介

案例的选择应突出时效性与实践性原则，选择正在积极创建的国家森林城市，具有丰富城市森林多主体治理实践的城市为宜；符合全面性原则，选择政治经济文化社会较为发达的城市，以便对城市森林多主体协同治理实证有较好的反馈效果；符合数据资料易得性原则，便于数据采集快捷与真实。根据以上内容，选择正在积极建设的城市森林创建国家森林城市、全国 15 个副省级城市之一、作者居住的山东青岛市为例。

青岛市地处山东半岛东南部的黄海之滨，位于 119°30′E ~ 121°00′E，35°35′N ~ 37°09′N；东南濒临黄海，与朝鲜半岛、日本隔海相望，北与烟台市接壤，西南同日照相连，西临潍坊市。全市总面积 11 282km²。

截至 2013 年年底，全市林业产值 22 178 万元，森林蓄积总量 797 万 m³，林业用地面积中，森林面积 30.61 万 hm²，占 91.2%；灌木林地面积 0.40 万 hm²，占 1.2%；疏林地面积 0.02 万 hm²，占 0.1%；未成林造林地面积 1.81 万 hm²，占 5.4%；苗圃地 0.58 万 hm²，占 1.7%；无林地 0.15 万 hm²，占 0.4%。森林面积中，防护林 13.96 万 hm²，经济林 9.84 万 hm²，用材林 6.45 万 hm²。零星植树（四旁植树）9085 万株，四旁折实面积 10.08 万 hm²；农田林网面积 26.00 万 hm²。城市绿化主要指标（表 6-5）。

表 6-5 青岛市截至 2013 年绿化主要指标情况

指标	单位	数量
绿化覆盖面积	hm²	30 627
绿地面积	hm²	28 007
公园绿地面积	hm²	4 649
公园数	个	87
公园面积	hm²	2 698
游人量	万人次	1 449.9
城市每人平均公园绿地面积	m²	14.6
建成区绿化覆盖率	%	44.7

资料来源：2014 青岛统计年鉴

虽然城市森林建设取得了一定成绩，但是森林资源总量不足、质量不高、分布不均匀、发展不平衡等问题比较突出，目前青岛市森林覆盖率在 15 个副省级城市中排名第 10，与建设现代化国际城市对良好生态环境的需要相比差距较大。全市森林蓄积总量为 856 万 m^3，人均森林蓄积为 1.04 m^3，仅为全国人均水平的 10.2%；森林结构简单，单位面积森林蓄积较低，每公顷森林蓄积 22.7 m^3，仅为全国平均水平的 26.4%。现有森林资源分布不均，山区森林覆盖率 69.34%、丘陵区 37.84%、平原区 24.95%。造林树种单一，林地纯林多、混交林少，树种以杨树、黑松、刺槐为主，杨树、黑松、刺槐 3 个树种约占全市树木总数的 65%，抵御病虫害能力弱，生态效益差。

为此，青岛市以新一轮城市空间布局框架为主体，结合青岛市现有生态控制区、产业发展带、城市组团等布局，按照森林生态网络体系"点、线、面"相互结合的布局原则，确定青岛市森林城市建设工程的空间布局为"一核四极，一轴三带，一屏多点，生态间隔"（图 6-3）。目标是将提高城市绿量作为森林城市

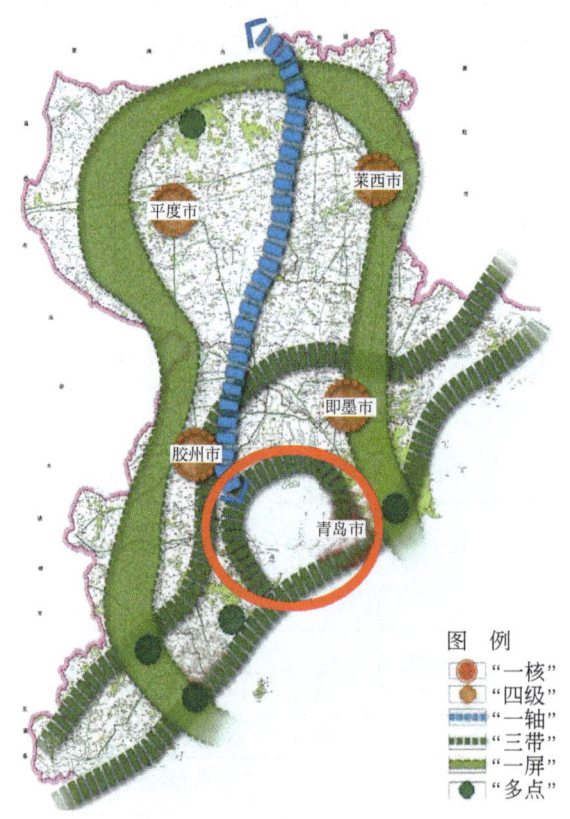

图 6-3 青岛森林城市建设规划布局图
资料来源：青岛森林城市建设规划

的建设重心，从而有效提高区域的景观环境质量。通过赋予森林独特的生态内涵和青岛文化地域特色，人们将更深刻地感受到城市森林所带来的愉悦美感。在推进城乡绿化一体的同时，重视农林复合经营模式的开发，使林业增效，农民增收。2013年年底，全市森林覆盖率达到39%以上，城市森林网络框架形成，林业生态、产业、文化三大体系初见成效，达到国家森林城市要求的各项指标。到2016年，全市森林覆盖率增加到40%以上；林木蓄积量增加到1082万m^3以上；城市森林网络基本形成，林业生态、产业、文化三大体系发展稳定；到2020年，全市森林覆盖率稳定在40%以上；林分质量不断提高，森林蓄积量增长到1150万m^3以上；青岛城市森林体系健康、稳定，城市宜居，社会和谐。

为此，成立"青岛市国家森林城市创建工作领导小组"，负责创建森林城市的统筹协调工作。开展工程建设，在森林城市规划和设计工作过程中进行民意调查，使规划设计更直接地体现市民的意愿；对市民进行绿化宣传教育，提高市民环境意识，使之能够自觉保护森林并对他人的破坏活动进行监督；组建群众义务纠察队伍，调动市民群众特别是退休人员的积极性，让他们参与到森林、绿地的管理中；开展义务植树、绿地认养等活动，动员各种社会力量参与城市绿地建设与管理等，鼓励市民积极参与森林城市的建设。运用各种新闻媒体、网站、公示栏等多种形式，广泛开展森林城市建设宣传教育，大力宣传普及生态知识，提高生态意识，增强全民生态建设和可持续发展观念。加强森林城市建设信息公开的规范化管理，为政府决策、企业管理和公众参与创造条件。完善各级、各部门森林城市建设网络体系建设，及时、准确地发布生态建设相关信息，加大对破坏生态建设的违法单位、违法行为及整改效果等内容的信息发布，保障公众的生态建设知情权。进一步完善公众参与森林城市建设的程序和规则。对可能对生态产生重大影响的发展规划和建设项目，采用听证会、论证会或社会公示等形式，听取公众意见，接受群众监督。鼓励和引导公众参与生态建设，充分发挥网络、热线电话的作用，保证公众反映问题渠道的畅通，形成全社会关注、支持生态建设的良好氛围。坚持全市动员、全民动手、全社会共建。号召全民参与城市街道、河流、公园的绿化，普遍开展机关、部队、学校、居民区内的环境绿化，建设"纪念林"、认建认养绿地、保护古树等活动，使爱绿、植绿、护绿成为广大群众的自觉行动，形成森林城市建设的浓厚氛围。

截至2014年7月，国家森林城市工作核验组采取实地检查、随机抽查、走访调研、材料调阅、听取汇报等方式，对青岛市创建国家森林城市工作进行了考核验收。核验组对青岛市实践生态间隔理念、重视生态保护发展、依托重大工程推进植树增绿等创新做法给予了高度评价，各项创建指标均达到"国家森林城市"的要求。

6.4.2 数据采集

通过查阅年鉴文献、调阅管理资料等方式,对青岛市城市森林协同治理评价指标2009~2013年5年间的相关数据进行了采集。其中对于部分定性指标的数据采用调查问卷的方式,按照"1分=很差、2分=差、3分=一般、4分=好、5分=很好"的标准邀请各80名政府林业局人员、林业企业人员、民间组织成员、城市市民给予打分评价,回收率100%。然后利用去掉一个最高分,去掉一个最低分,选取剩余评价平均数的方法作为相关指标的数值。具体见表6-6~表6-12。

表6-6 治理主体参与度子系统 2009~2013 年指标数据

二级指标	指标层			年度情况				
	三级指标	标识	单位	2009	2010	2011	2012	2013
治理主体参与度(A)	有关公共管理法人单位数	A01	个	10 248	10 275	10 250	10 224	13 061
	城市林业系统单位个数	A02	个	73	75	75	78	78
	有关民间组织数量	A03	个	3	5	5	5	5
	林业从业人员人数	A04	人	720	750	770	790	830
	有关民间组织会员人数	A05	人	80	120	220	280	350
	参与城市森林规划、建设、管理的决策情况	A06	五分制	3.75	3.625	4.125	4.50	4.875
	全民义务植树尽责率	A07	百分比	93.1	90.0	94.10	85.0	93.70
	城市林业事务财政预算支出占总支出比重	A08	百分比	2.110	4.870	7.360	3.470	5.760
	林业固定资产投资	A09	万元	29 152	21 565	34 613	50 387	46 625
	有关民间组织筹集资金情况	A10	五分制	3.375	3.50	3.625	4.00	4.500
	城市市民捐助情况	A11	五分制	3.125	3.500	4.125	4.250	4.750

表6-7 治理客体发展度子系统 2009~2013 年指标数据

二级指标	指标层			年度情况				
	三级指标	标识	单位	2009	2010	2011	2012	2013
治理客体发展度(B)	市域森林覆盖率	B01	百分比	36.100	36.900	37.770	38.600	39.40
	建成区绿化覆盖率	B02	百分比	43.200	43.580	43.810	44.780	44.70

续表

二级指标	指标层			年度情况				
	三级指标	标识	单位	2009	2010	2011	2012	2013
治理客体发展度（B）	城市人均休闲绿地	B03	m²	14.540	14.500	14.580	14.580	14.60
	城市公园数量	B04	个	71.000	72.000	74.000	78.000	87.00
	城市森林生态廊道贯通性	B05	五分制	3.375	3.750	4.000	4.375	4.875
	水岸绿化	B06	五分制	3.625	3.875	4.375	4.250	4.750
	道路绿化率	B07	百分比	3.625	3.875	4.250	4.500	4.750
	新建完善农田林网亩数	B08	万亩	12.870	20.000	30.170	26.000	13.00
	郊区绿化	B09	五分制	3.875	4.000	3.875	4.375	4.625
	乡土树种使用	B10	五分制	4.000	4.000	4.500	4.625	4.750
	城市森林自然度	B11	五分制	3.375	3.250	4.000	4.375	4.625
	涉林违法案件	B12	件	103.00	70.000	141.00	80.000	69.00

表6-8 治理模式适用度子系统2009~2013年指标数据

二级指标	指标层			年度情况				
	三级指标	标识	单位	2009	2010	2011	2012	2013
治理模式适用度（C）	重视模式塑造	C01	五分制	4.125	4.125	4.250	4.500	4.875
	模式构建	C02	五分制	3.750	4.125	4.250	4.375	4.875
	模式选择	C03	五分制	3.375	3.750	4.125	4.375	4.750
	模式创新	C04	五分制	3.625	3.500	3.625	4.375	4.500
	模式转换	C05	五分制	4.000	4.000	4.375	4.625	4.750

表6-9 治理机制完善度子系统2009~2013年指标数据

二级指标	指标层			年度情况				
	三级指标	标识	单位	2009	2010	2011	2012	2013
治理机制保障度（D）	重视机制构建	D01	五分制	4.125	4.250	4.125	4.250	4.750
	运行机制建设	D02	五分制	3.375	4.000	4.125	4.875	4.500
	保障机制建设	D03	五分制	3.625	3.500	4.125	4.375	4.750
	机制创新	D04	五分制	3.750	4.000	4.375	4.500	4.750
	机制完善	D05	五分制	3.625	3.625	4.125	4.250	4.250
	机制作用	D06	五分制	4.000	3.750	4.375	4.375	4.625

表 6-10 治理信息共享度子系统 2009～2013 年指标数据

二级指标	三级指标	标识	单位	2009	2010	2011	2012	2013
治理信息共享度（E）	林业与环境信息化管理平台建设情况	E01	五分制	4.000	3.750	3.875	4.375	4.625
	区域互联网累计用户数	E02	万户	161.40	188.3	185.69	218.2	228.02
	全市有线电视用数	E03	万户	241.55	253.83	268.2	243.5	231.77
	百户家庭移动电话拥有量	E04	万户	199.00	207.5	218.5	230.5	232.00
	信息共享广度	E05	五分制	4.000	3.875	4.125	4.625	4.75
	信息共享深度	E06	五分制	3.875	3.625	4.000	4.375	4.625

表 6-11 治理目标导向度子系统 2009～2013 年指标数据

二级指标	三级指标	标识	单位	2009	2010	2011	2012	2013
治理目标导向度（F）	市区空气质量优良率	F01	百分比	91.200	90.700	91.500	92.900	72.90
	市区区域环境噪声平均等效声级	F02	分贝	53.500	53.500	53.700	53.700	57.50
	夏季平均气温	F03	℃	23.600	24.500	23.300	24.070	24.80
	主要河流水质功能区达标率	F04	百分比	71.400	77.400	79.000	78.700	72.10
	公众对城市环境的满意情况	F05	五分制	4.125	3.750	4.500	4.750	4.625
	对市民绿色消费的影响	F06	五分制	3.750	4.125	3.875	4.000	4.375
	对城市林业企业生产方式的作用	F07	五分制	3.750	4.375	4.375	4.375	4.875
	对城市生态文化的影响	F08	五分制	3.875	3.750	4.125	4.125	4.500
	对城市竞争力的作用	F09	五分制	3.875	4.125	4.000	4.750	4.750
	城市生产总值	F10	万元	4890.3	5666.2	6615.6	7302.1	8006.6
	林业产业总产值	F11	万元	65.000	51.200	214.37	226.61	244.74
	森林生态服务总价值	F12	万元	175.40	185.40	195.90	257.40	329.300
	森林旅游人数	F13	万人次	348.30	391.90	441.20	500.00	732.6

表6-12 治理环境促进度子系统2009~2013年指标数据

指标层				年度情况				
二级指标	三级指标	标识	单位	2009	2010	2011	2012	2013
治理环境促进度（G）	生态文明建设战略牵引情况	G01	五分制	4.125	4.250	4.750	4.500	5.000
	城市发展生态需求情况	G02	五分制	3.750	4.125	4.125	4.625	4.875
	市民生态诉求情况	G03	五分制	3.750	3.750	4.000	4.250	4.750
	城市森林政府治理失灵情况	G04	五分制	3.750	3.750	4.125	4.125	4.750

6.4.3 利用熵权法确定指标权重

利用6.2节中给出的熵权法赋权各个子系统中各指标的权重 w_j，以治理信息共享度系统（E）为例加以说明，其他子系统类似可得。

6.4.3.1 原始数据矩阵的标准化。

利用式（6-9）的方法对表6-10治理信息共享度系统2009~2013年指标数据进行标准化处理（表6-13），得标准化矩阵 $R = (\gamma_{kj})_{5 \times 6}$。

表6-13 治理信息共享度系统2009~2013年指标数据标准化结果

年份	E01	E02	E03	E04	E05	E06
2009	0.2857	0.0000	0.2685	0.0000	0.1429	0.2500
2010	0.0000	0.4038	0.6055	0.2576	0.0000	0.0000
2011	0.1429	0.3646	1.0000	0.5909	0.2857	0.3750
2012	0.7143	0.8526	0.3220	0.9545	0.8571	0.7500
2013	1.0000	1.0000	0.0000	1.0000	1.0000	1.0000

6.4.3.2 熵

利用式（6-11）计算治理信息共享度系统各个指标的熵，见表6-14。

表6-14 治理信息共享度系统各指标的熵

指标	E01	E02	E03	E04	E05	E06
熵	0.7276	0.8049	0.7778	0.7966	0.7224	0.7808

6.4.3.3 熵权

根据上述求出的熵，利用式（6-12）计算治理信息共享度系统各个指标的熵权，见表 6-15。

表 6-15 治理信息共享度系统各个指标权重

指标	E01	E02	E03	E04	E05	E06
熵权	0.1960	0.1404	0.1599	0.1463	0.1997	0.1577

其他 6 个子系统的权重利用类似的方法即可得出，具体参见表 6-16～表 6-21。

表 6-16 治理主体参与度系统各个指标权重

指标	A01	A02	A03	A04	A05	A06	A07	A08	A09	A10	A11
熵权	0.2946	0.0658	0.0462	0.0674	0.0785	0.0902	0.0511	0.0666	0.0699	0.1023	0.0676

表 6-17 治理客体发展度系统各个指标权重

指标	B01	B02	B03	B04	B05	B06
熵权	0.0664	0.0736	0.0539	0.1165	0.0682	0.0669
指标	B07	B08	B09	B10	B11	B12
熵权	0.0672	0.1099	0.1385	0.1047	0.0841	0.0501

表 6-18 治理模式适用度系统各个指标权重

指标	C01	C02	C03	C04	C05
熵权	0.2508	0.1096	0.1111	0.1960	0.3326

表 6-19 治理机制完善度系统各个指标权重

指标	D01	D02	D03	D04	D05	D06
熵权	0.3071	0.1061	0.1576	0.1202	0.1949	0.1141

表 6-20 治理目标导向度系统各个指标权重

指标	F01	F02	F03	F04	F05	F06	F07
熵权	0.0465	0.0464	0.0740	0.0847	0.0576	0.0765	0.0542
指标	F08	F09	F10	F11	F12	F13	
熵权	0.0786	0.0955	0.0674	0.0878	0.1264	0.1044	

表 6-21 治理环境促进度系统各个指标权重

指标	G01	G02	G03	G04
熵权	0.1970	0.1667	0.3242	0.3122

6.4.4 各子系统的有序度及系统协同度

6.4.4.1 各子系统的有序度

根据 6.2 节中熵权法确定的各子系统每个指标的权重，利用式（6-9）和式（6-11），结合收集的城市森林协同治理系统评价指标数据，计算得各个子系统的有序度，见表 6-22。

表 6-22 城市森林协同治理系统各子系统 2009~2013 年有序度

子系统	2009 年	2010 年	2011 年	2012 年	2013 年
治理主体参与度（A）	0.0754	0.1978	0.3962	0.4669	0.9683
治理客体发展度（B）	0.0557	0.2057	0.4629	0.7271	0.8872
治理模式促进度（C）	0.0245	0.0668	0.2067	0.7711	0.7298
治理机制保障度（D）	0.0483	0.1357	0.4444	0.6444	0.9735
治理信息共享度（E）	0.1669	0.1912	0.4417	0.7403	0.8401
治理目标导向度（F）	0.1890	0.3096	0.5409	0.7014	0.7490
治理环境决定度（G）	0.0000	0.0837	0.3944	0.4932	1.0000

6.4.4.2 青岛城市森林协同治理系统协同度

本章选取 2009 年作为城市森林协同治理系统协同度计算的初始时刻，利用式（6-13）和式（6-14）所定义的协同度模型分别计算青岛市 2010~2013 年城市森林协同治理系统的协同度，具体结果见表 6-23。

表 6-23 城市森林协同治理系统 2010~2013 年协同度

城市森林协同系统	2010 年	2011 年	2012 年	2013 年
协同度	0.0774	0.3221	0.5585	0.7844

6.4.5 实证结果分析

6.4.5.1 协同度分析

通过表 6-23 计算结果，绘制了青岛城市森林协同治理系统协同度趋势图（图 6-4）。

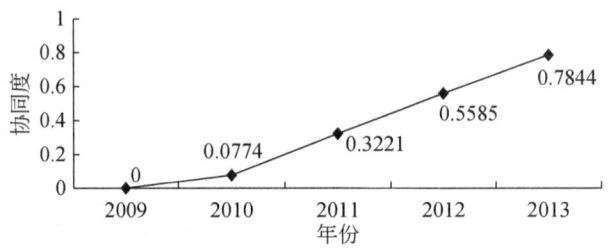

图 6-4 青岛城市森林协同治理系统协同度趋势图

通过趋势图可以看出青岛城市森林协同治理协同度自 2010 年开始呈直线上升态势。根据城市森林协同治理协同度等级及评价标准（表 6-2），青岛城市森林治理 2013 年处于一般协同形态，2012 年处于弱协同形态，2010 年和 2011 年处于不协同形态。这与实际情况相符，由于到 2011 年青岛城市森林协同治理系统还处于不协同的形态，缺乏大规模进行城市森林建设与治理的条件与基础，所以面对从 2012 年 2 月 27 日，青岛市人民政府下发《关于在全市开展植树增绿大行动的通告》，启动了耗资 16 亿元的"增绿行动"，成为了从公民行动到网络问政再到两者间的良性互动的官与民 68 天博弈的"青岛种树事件（风波）"（濮天宇和陈倩儿，2012；黄志强，2012）。面对市民、网民的集中关注植树的位置、密度、资金使用、招标程序等方面，饱受质疑"毁草种树"、"桥下种树"、"海边种树"、"密集种树"等现象，政府从回应"毁草种树"质疑到园林局局长出面致歉，从青岛市召开城区园林绿化工作座谈会，就植树增绿行动听取人大代表、政协委员、专家学者和市民代表意见到主管副市长接受市民在线网络问政，到市长两度带队检查。在这个过程中大大推动了城市森林协同治理系统的建设，也促进了 2012 年治理系统协同度的提升。在 2012 年事件影响下，2013 年，青岛市政府又出台了《青岛市国家森林城市建设总体规划（2013~2020）》，全面分析了青岛城市森林的建设情况，并规划了建设思路、建设内容和保障措施，并将 2013 年作为攻坚阶段，实现全市森林覆盖率达到 39% 以上，城市森林网络框架形成，林业生态、产业、文化三大体系初见成效，达到国家森林城市要求的各项指标。又促进了城市森林多主体协同治理的完善与实践，协同度上升。但是与要达到高效协同形态还有距离，还需进一步加强建设（聂法良，2015）。

6.4.5.2 有序度分析

通过表 6-22 和表 6-23 的计算结果，绘制青岛城市森林协同治理系统各子系统 2009~2013 年有序度与协同度堆积面积图（图 6-5）。

通过图 6-5 可以看出，城市森林协同治理有正协同度的前提是各子系统在 2010 年后的有序度均应大于其在初始时刻 2009 年的有序度，表明城市森林协同

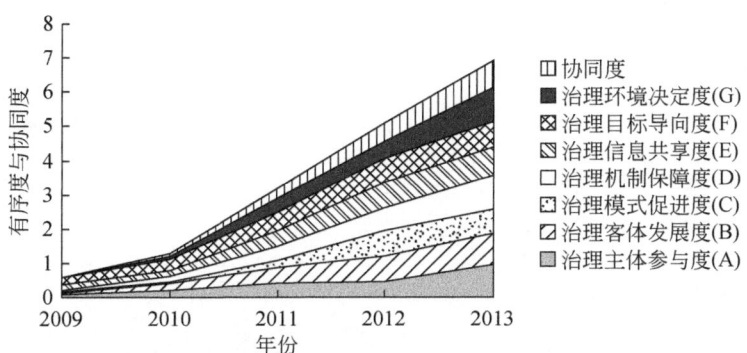

图 6-5 青岛城市森林协同治理系统各子系统 2009～2013 年有序度与协同度堆积面积图

治理系统处于协同演化中。到 2013 年的节点显示治理模式的促进度、治理目标的导向度和治理信息的共享度是该阶段有序度较低的子系统，也是有序度提升较慢的子系统，它们影响了城市森林协同治理系统协同度向更高水平迈进，应在这几个方面总结经验，着重建设，以更好地促进城市森林的协同治理。

6.4.5.3 指标贡献度分析

利用计算出的 2013 年城市森林协同治理系统中各个指标的有序度来测算各个指标对城市森林协同治理系统总体协同度的贡献度，此处仅用图表表示出 57 个指标中贡献度前 10 位和贡献度后 10 位的指标，如图 6-6 所示。其中，贡献度后 10 位的指标包括：建成区绿化覆盖率，全民义务植树尽责率，城市林业事务财政预算支出占总支出比重，有关民间组织数量，主要河流水质功能区达标率，新建完善农田林网亩数，全市有线电视用户数，市区空气质量优良率，市区区域环境噪声平均等效声级，夏季平均气温。

通过贡献度柱状图可以看出，2013 年对"城市森林协同治理系统协同度"贡献度排名前 10 位的三级指标中，有 3 个是治理环境类指标，表明在国家生态文明战略指引下，社会公众对享有良好环境的高度诉求以及政府作为差距为协同治理系统的构建提供了强大的动力；有 2 个是治理模式类指标，有 2 个是治理机制类指标，有 2 个是治理信息类指标，再次表明治理模式、治理机制、治理信息平台建设在城市森林协同治理系统中的重要性。排名后 10 位的有 4 个是治理目标类指标，3 个是治理主体类指标，2 个为治理客体类指标，表明青岛的城市森林建设，虽然取得了一些成绩，但与建设美丽青岛的要求相比，与广大市民的期盼相比，仍有不小的差距。从"量"上讲，青岛市的森林面积仅有 462 万亩，森林覆盖率在 5 个计划单列市和 15 个副省级城市中处于中下游，在省内 17 地市中排第 3 位，森林面积还不够大。从"质"上讲，青岛的绿化树种比较单一，在郊区和农村，杨树和黑松占了 70% 以上，难以形成丰富多彩的景观效果和视觉效

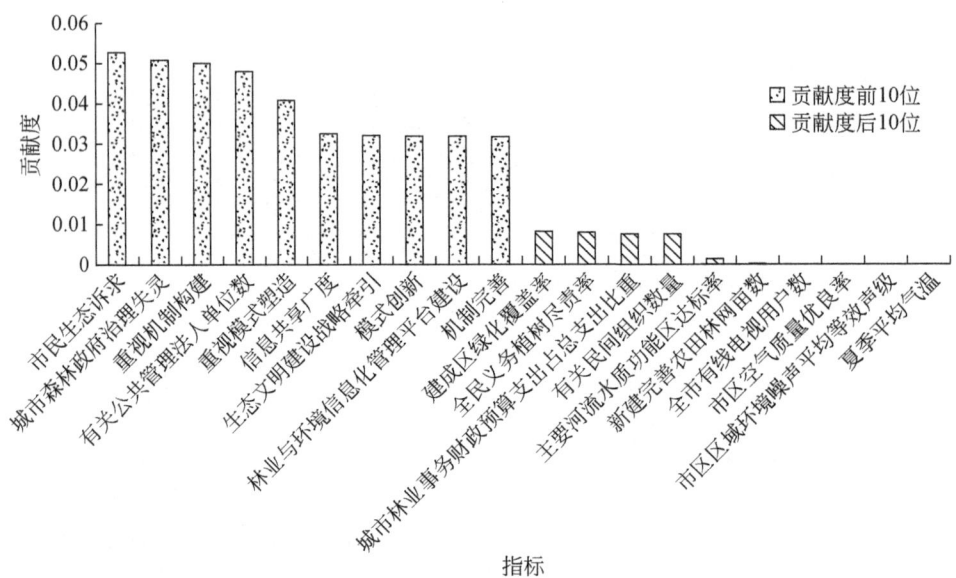

图 6-6　2013 年各指标对城市森林协同治理总体协同度的贡献度

果；而且树木的分布不均匀，大部分在崂山、大泽山、大小珠山等山区，其他区域相对较少。因此生态效益也不显著，青岛在 28 个"美丽中国"省会及副省级城市生态建设排名中仅排第 12 名（图 6-7）（四川大学"美丽中国"研究所，2013）。

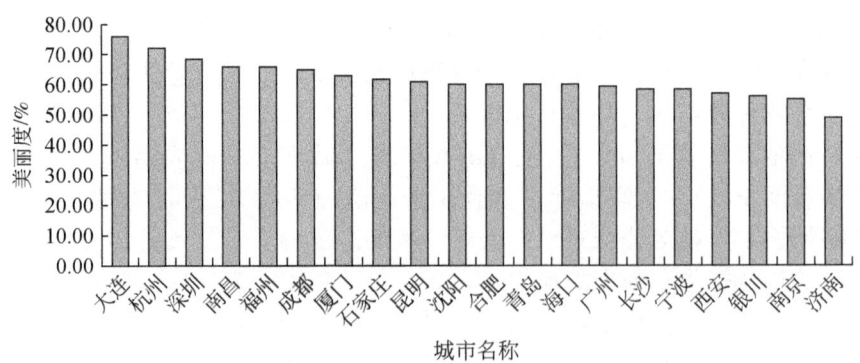

图 6-7　"美丽中国"省会及副省级城市生态建设排名情况

6.4.6　实证结论

通过实证研究可得出如下的结论：一是对青岛市城市森林多主体协同治理现

状有了较为清晰的解析，青岛的城市森林最近几年有了较大的发展，但是其多主体协同治理落后于城市森林的快速发展，与高效协同形态还存在着明显的距离。二是通过实证分析可以看出本研究结果与青岛城市森林多主体协同治理相符，表明本研究所构建的指标及其评价方法作为评价城市森林多主体协同治理程度是可行的。三是通过此测度能定量看出城市的城市森林多主体协同治理系统的协同程度以及需要扬长避短的方面，为提升城市森林的多主体协同治理水平提供了方向，也能有效地为政府及相关方决策提供参考。

我国城市森林多主体协同治理模式选择：城市森林协同治理模式也就是城市森林的管理模式，给管理模式的定义是从特定的管理理念出发，在管理过程中固化下来的一套操作系统（百度百科）。因此城市森林治理模式是指在一定的管理理论下，在不同特色城市管理体制机制基础上，在城市森林治理过程中所形成的权力与权利的结构形式和运行机制及其呈现的整体形态和对它们的理论概括。

近年来，中国的城市森林建设与发展虽然取得了显著成果，但是伴随着经济的快速发展、社会的深刻变动和利益分配格局的调整，迫切需要根据城市经济社会发展水平，治理主体间的关系进行城市森林协同治理模式的适用选择。

第 7 章　我国城市森林多主体协同治理模式选择

7.1　协同治理模式分析

城市森林多主体协同治理隐含着一个基本的事实：城市政府与城市林业企业、民间组织、城市市民的合作共营，是实现城市森林可持续发展的重要条件。因为不同的部门有不同优势，公营部门最适合政策管理和实行公平的领域；私营部门则在追求效率的领域方面往往有上佳表现；而第三部门则在不太能产生利润的领域往往表现出优势（戴维·奥斯本和特德·盖布勒，1996）。协同治理并非异质组织之间简单的合并或联合，而是各治理主体在保持相对独立性的前提下，彼此功能与结构的嵌入。构建协同治理模式，首先要基于影响协同效应的核心要素，分析协同关系内在的运行逻辑。从第 4 章的分析可见，各治理主体之间关联度、依赖性的强弱，是政府、企业、社会从彼此分隔到相互联系、从竞争走向合作的环境。而表征关联度与依赖性的核心要素，至少包括目标和利益等。目标的一致与否以及利益的分离或耦合，影响着协同的形式和协同机制的生成路径（郁建兴和张利萍，2013）。利益和目标核心要素的组合，可以形成 4 种关系：①目标冲突-利益分离，②目标一致-利益分离，③目标冲突-利益耦合，④目标一致-利益耦合。

这 4 种关系区域分别对应 4 种协同治理模式：政府主导型协同治理模式、沟通型协同治理模式、公私协同型治理模式、战略协同型治理模式（图 7-1）。这 4 种协同治理模式又分为：一般协同模式，包括政府主导型协同治理模式、沟通型协同治理模式、公私协同型治理模式；高效协同模式，包括战略协同型治理模式（聂法良，2014b）。

图 7-1　我国城市森林多主体协同治理的核心要素组合模式模型

7.2 我国城市森林多主体协同治理模式选择

公共与公共、公共与私人和私人与私人伙伴关系实现对一个城市实现城市森林的长期目标是至关重要的。城市森林最终的成功无一不是公民、政府、企业和非营利组织合作的结果（美国林业网）。因此，在城市森林协同治理的实践过程中，应根据城市森林发展的不同阶段，选择不同的协同治理模式。这些模式根据上述的研究包括政府主导型协同治理模式、沟通型协同治理模式、公私协同治理模式、战略型协同治理模式。其中，政府主导型协同治理模式、沟通型协同治理模式、公私协同治理模式为一般协同模式；战略型协同治理模式为高效协同模式。

7.2.1 一般性协同治理模式选择

7.2.1.1 政府主导型协同治理模式

这种模式选择的条件是协同各方"目标冲突-利益分离"。协同的途径是虽然目标冲突、利益分离，但是通过超越各方利益的促进环境力量，自上而下地实现协同，协同依然可能发生，该协同常见于科层体系。这种模式的缺点是以党委、政府强势推动和大规模财政投入为主要特征，具有浓厚的"行政色彩"，带来决策不科学，重速度轻质量，投入产出比不匹配等问题。但在市场经济条件下，需要不断完善增加市场推动、法制保障的机制，以保障城市森林建设自身的可持续发展（彭军，2010）。

这类模式中中国重庆2008年城市森林建设模式具有代表性。2008年7月，重庆市委提出10年投资500亿元建成"生态系统稳定、林业产业发达、生态文化丰富、人居环境优良"的"森林重庆"。为此，2008年9月以来，重庆市委、市政府强势推动，一是召开重庆市"森林工程"动员大会高规格的会议，向全市作出建设"森林重庆"的总动员；二是出台市委、市政府《关于实施森林工程的决定》、森林工程总体规划等高规格的文件部署；三是大投入实施城市森林工程、通道森林工程、水系森林工程、长江两岸森林工程等六大重点工程；四是成立由市长任组长、3位副市长任副组长的高规格的"森林工程"建设领导小组，扭转了林业、园林等部门孤军奋战的局面，同时，建立目标考核、行政问责、排名通报、督导巡视等制度，一系列自上而下的措施实现"全市上下联动，横向整合，形成全市一体的城市森林建设格局"，为重庆市森林建设提供有力保障，创造了森林建设的"重庆速度"。但是后来也因大量种植银杏树代替本土树种黄桷树等引起广泛质疑（邓全伦，2012）。

7.2.1.2 沟通型协同治理模式

这种模式选择的条件包括"目标一致-利益分离"，在这种协同关系中，协同各方的目标一致，但利益相互分离。协同的途径是通过临时沟通、即时协调等方式实现协同。缺点是由于不存在彼此依赖的利益联结，难以形成稳定的协同关系，需不断加强沟通协调。

这类模式中中国青岛 2012 年城市森林建设模式具有典型性。2012 年 2 月 27 日，青岛市政府下发《关于在全市开展植树增绿大行动的通告》，确定集中开展大规模的植树增绿活动，并提出创建国家森林城市的目标。但是到 4 月，植树增绿行动引发市民、网民的集中关注，关注焦点集中于植树的位置、密度、资金使用、招标程序等方面。其中"毁草种树""桥下种树""海边种树""密集种树"等现象饱受质疑。4 月 18 日，青岛市政府新闻办公室通过官方微博两次回应表示，市有关部门高度重视，已着手研究解决存在的问题和不足，并答复相关问题。同日，青岛市城乡建设委城市园林局在青岛政务网刊登《关于我市植树增绿工作有关情况的答复》，对"植树增绿"行动忽视前期宣传和沟通工作，对市民和网友提出的问题回应不够及时，引起市民和网友的不满等问题，深表歉意。园林局表示，"植树增绿"行动存在局部区段栽植不合理、设计方案公开不及时、前期论证工作不细致、与市民网友沟通不主动等问题；还是 18 日，青岛市召开城区园林绿化工作座谈会，就"植树增绿"行动进一步听取市人大代表、市政协委员、专家学者和市民代表意见。19 日青岛市副市长带领市城乡建设委员会等有关部门负责人做客青岛政务网"网络在线问政"栏目，就植树增绿与市民、网友在线交流。20 日，青岛市民有关种树网络"谏言"开始在实际工作中落实，对网友集中关注的施工不规范等问题重点进行检查整改。历经 68 天，青岛市民、媒体和政府之间博弈沟通，最后达到了良性互动，拥护了合理种树，反对了胡乱种树，要求了平衡种树，实现了公开种树（微博：青岛发布）。

7.2.1.3 公私协同型治理模式

这类模式选择的条件包括"目标冲突-利益耦合"关系。在这种协同关系中，协同各方的目标冲突，但利益耦合。该协同多发生在政府与市场主体之间。协同的途径是尽管双方目标冲突，但利益存在一定程度的依赖，能够通过讨价还价、相互妥协等方式达成协同。这种模式的缺点是政府以实现公共利益为目标，而提供服务的治理主体则追求利润最大化。由于公私协同的目标冲突，政府需要对提供服务治理主体的服务质量实施监督，以避免提供服务治理主体的自利性可能导致的公益损害。

这些模式中政府购买城市森林服务模式具有代表性。政府以建立契约关系的方式，利用财政资金向社会力量（营利部门、非营利组织及个人）购买城市森林相关服务，由承购方具体运作从而向公民提供生态服务。政府购买包括直接购买和间接购买。直接购买主要包括合同制、直接资助制和项目申请制，间接购买主要是凭单制（贺巧知，2014）。例如，烟台市2014年4月面向具有林业调查规划设计甲B级以上（含甲B级）资质或工程设计综合资质或农林工程设计甲级资质的在中国境内注册，具有独立法人资格，持有合法的营业执照的供应商对《烟台市国家森林城市建设总体规划编制》公开招标购买（烟台市林业局，2014）。河南省中牟县对总面积45.6万 m^2，投资估算29 500万元的城市森林公园建设工程施工进行公开招标（河南省政府采购网，2012）。再例如，政府从行业性管理机构的手中收回城市森林的养护权，在全面评估的基础上，制定出详细的养护标准和经费划拨规则，然后，面向社会，以招投标的形式公开选择那些有相应资质、技术力量强、业绩突出的企业从事城市森林的日常养护。此举比传统的生态设施"管养合一"，可增强养护人员的责任心，提高服务质量；可增大生态服务的技术含量，提高养护水平；可使服务经费发挥应有的效能（庄少豪，2014）。

7.2.2　高效协同型治理模式选择

这类模式选择的条件包括"目标一致–利益耦合"关系。协同的途径是在这种协同关系中，协同各方的目标一致且利益耦合。在此情境之下，各方均愿意付出或交换一定的人员、信息与资源，进行长期稳定的合作。这也被称作"城市政府–城市林业企业–民间组织–社会公众"合力协同型治理模式，也是高效协同治理模式。在该治理模式中，城市森林的治理由政府主导，引导城市市民、城市林业企业以及民间组织等治理主体联合发挥协同治理的运作功能，实现城市森林的治理效应，以满足整个社会的生态需要。同时，城市市民、城市林业企业以及民间组织等力量通过参与监督城市森林的治理协同，发挥自身的主体优势，推进城市森林治理的良性发展（图7-2）。

这类模式中美国、加拿大有多主体参与的城市森林协同治理模式，这种模式包含了多主体的协同，城市森林计划、执行与监督的协同，城市森林政策、项目与资金的协同等。被誉为全美国最美的十大森林城市之一的西雅图市的城市森林建设与发展就是一个高效协同的模式代表。西雅图2013年城市森林管理计划明确提出指导原则是：人为地管理和介入是保护、提高、建设健康城市森林所必需，而这种管理必须是城市政府、公益组织、企业和西雅图居民的共同管理。协同和系统方法可使共同管理影响最大化。城市森林的可持续发展是由多个城市部

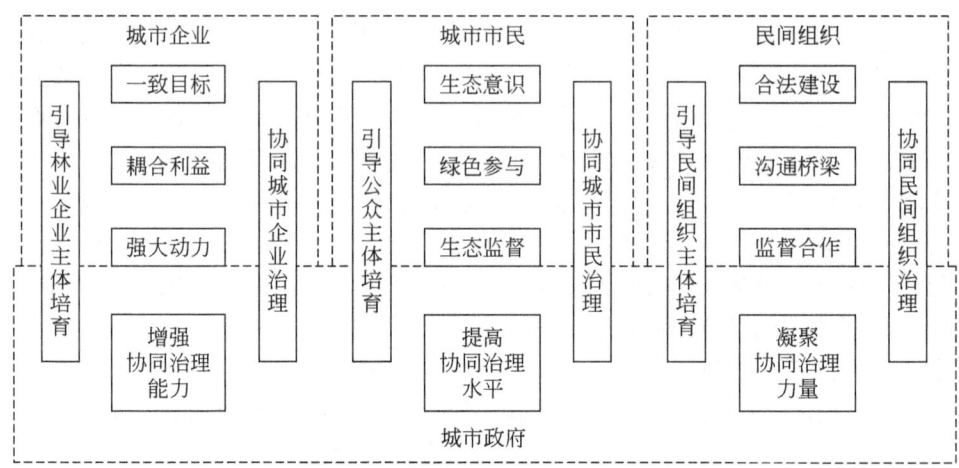

图 7-2 城市森林多主体高效协同治理模式示意图

门、社区组织、企业和个人采取一致的行动的结果。为此，在政府方面，西雅图城市形成了由城市计划和发展部、财政服务部、环境可持续发展办公室、公用事业部、电力公司、交通部等 8 个部门组成的城市森林跨部门领导小组（IDT），提供市域范围的城市森林的政策、项目和预算管理，并且每部门工作职责清楚，成员相互了解，行动一致。在城市林业企业方面，有许多的地区树木服务公司，还与西雅图港、陆军工程兵团、金县、华盛顿州运输部（华盛顿州运输局），甚至商业实体，如铁路等其他机构保持密切联系。在城市居民方面，西雅图在维持城市森林的可持续发展方面将个人和社区行动视为与政府行动同等重要，居民通过西雅图绿色伙伴关系（green seattle partnership）、树大使项目（tree ambassador program）等每年进行成千上万小时的城市林业项目的志愿服务；西雅图居民通过参与监督和规划委员会、公园委员会和城市林业委员会等机会对城市森林的规划与政策发展进行参与和讨论；同景观承包商、树木栽培家、商业种植者、园艺中心和苗圃等专业人士也保持密切合作。在公益组织方面，如城市森林委员会成立于 2009 年，为市长和市议会提供广泛的城市森林发展建议；环境学习中心为居民进行城市树木价值及知识的教育。在多主体协同治理下，西雅图城市森林空间分布为独栋住宅、多户住宅、商业（或混合用途）、城市中心、工业区、单位、人工公园、公园天然区域 8 个独立单元区域的城市森林和公共廊道（水、电等）1 个混合单元城市森林，并根据城市森林的拥有者分为公共林（public trees）、私有林（private trees）、公私合有的廊道林（street trees）。全市约有共 160 万~300 万棵树木，估计每年的碳储存市区树木 200 万 t、碳固定 14 万 t，碳效益分别为 1090 万美元和 76.8 万美元；每年提供环境污染减排相当于 725t，节约费用 560 万美元；每年节约 1660 亿英热①单位的天然气和 43 000MW·h 的电力，为市民和政府节约 560 万美元支出；另外还有防洪、野生动物栖息地、护坡、住房效益、经济活力、公共健康、社区宜居、食品生产和城市采摘等功能。

总之，城市森林多主体协同治理模式的选择要与经济社会发展水平、治理主体能力、城市森林多主体协同治理系统协同形态等相适应。例如，当城市政府行政能力强大、其他主体能力弱小时，适宜运用政府主导型协同治理模式；当城市企业经营能力强、其他治理主体能力弱时，适宜运用公私协同型治理模式；当民间组织协调能力或城市市民参与能力强大、其他治理主体能力弱时，适宜采用沟通型协同治理模式；当各主体能力都得到提高时，适宜采用战略型协同治理模式，充分发挥各主体力量，共同治理城市森林，促进城市森林的可持续发展，实现城市生态文明水平的提高。

7.3 我国城市森林多主体协同治理模式转换

从上述分析可以看出，城市森林的协同治理模式中政府主导型协同治理模式无论从效率和效益来看是迫切需要改变的模式，也是现在还在多地使用的模式；最为高效协同治理模式是战略型协同治理模式，是应积极建设选择的治理模式（表 7-1）。

表 7-1 城市森林协同治理模式对照表

模式类别	对应关系	协同路径	模式举例
政府主导型协同治理模式	目标冲突-利益分离	通过超越各方利益的促进力量，实现自上而下的协同。该协同常见于科层体系	中国重庆 2008 年城市森林建设模式
公私协同型治理模式	目标冲突-利益耦合	尽管双方目标冲突，但利益存在一定程度的依赖，能够通过讨价还价相互妥协等方式达成协同	政府购买城市森林服务模式
沟通型协同治理模式	目标一致-利益分离	由于不存在彼此依赖的利益联结，难以形成稳定的协同关系，需不断进行沟通协调	中国青岛 2012 年城市森林建设模式
战略型协同治理模式	目标一致-利益耦合	各方均愿意付出和交换一定的人员、信息与资源，进行长期稳定的合作	美国西雅图市城市森林治理模式

① 1 英热单位 = 1.055 06×10³ J。

城市森林多主体协同治理模式不是一成不变的，随着经济社会发展水平的变化，随着治理主体能力的消长，随着城市森林多主体协同治理系统协同形态的变化，城市森林多主体协同治理模式也要转换。例如，从协同形态来看，实证表明：青岛城市森林协同治理系统协同度自 2010 年开始呈直线上升态势，2010～2011 年处于不协同形态，2012 年处于弱协同形态，2013 年仅处于一般协同形态。所以，2010～2011 年青岛城市森林的建设采用政府主导型模式是适宜的；2012 年处于弱协同形态，协同形态发生了改变，这时应进行治理模式的转换，但一开始政府还是采取过往的做法，所以青岛的城市森林建设引起了广大市民的广泛质疑，演变为 68 天的官民"博弈"，走向了沟通型协同治理模式；随着协同形态的发展，未来青岛城市森林多主体协同治理模式将转换为战略型协同治理模式。

第8章　我国城市森林多主体协同治理机制构建

机制作为城市森林多主体协同治理系统内各要素之间相互作用、相互联系、相互制约的形式和运动原理及内在的、本质的工作方式。它会内在地作用于组织系统自身，影响并支配系统的发展和变化（Schmitter，2002）。因此，探讨机制对于城市森林多主体协同治理协同的重要意义，并构建适用机制是城市森林多主体协同治理的重要议题。

8.1　机制为协同提供保证

"机制"一词原指机器的构造及动作原理，包括两层含义：一是指机器由哪些部分组成和为什么由这些部分组成；二是指机器是怎样工作和为什么要这样工作。将机制本义引申到社会领域，是指某一系统内的各个子系统、各要素之间相互作用、相互联系及相互制约的形式与运动原理，以及内在的、本质的工作方式。根据"机制"的内涵，它反映的是事物内在的、本质的作用方式与规律，是其内部组成部分之间相互作用的动态关系。机制不是最终结果，也不是起始原因，而是将期望转化为行动、原因转化为结果的中介。机制一旦建立以后，就会规范其内部要素按照机制所引导的方向在其轨道上有序运行，进而保持整个系统的有序性。除了主动加强与外界的物质、能量和信息交流外，还加强城市森林多主体协同治理系统内部各主体群和各主体之间物质、能量、信息的有效转化，提高系统自身对资源的利用效率，促进系统的物质循环、能量流动、信息传递和价值增值之间形成良性循环，使系统的整体功能有别于各部分的功能并大于各部分功能和，即达到了协同的效果。缺少良好的机制，将增加系统的内耗，使系统内部各子系统或要素相互掣肘，加剧相互间的矛盾或冲突，进而导致系统紊乱，限制各子系统或要素功能的发挥，无法产生系统整体的协同效应。因此，建立良好的机制是一种低成本、高效率的转换器，能够使其内部运行的各子系统或要素配合顺畅、协调一致，达到系统整体有序的宏观功效，将有限的投入转化为最大化的输出，达到各部分之和大于整体之和，提升系统集聚协同力减少摩擦力的效率，是实现协同的根本保证。

8.2 我国城市森林协同治理机制的构建

城市森林多主体协同治理机制是指城市森林的相关者——城市政府、城市林业企业、民间组织、社会公众之间以"协同"为指向，以实现城市森林效益为目的所构建的制度化的运行作用方式、沟通参与渠道和程序。根据我国城市森林多主体协同治理系统总力量分析结论（表5-7）可以看出，城市森林多主体协同治理机制的建立可以从两个方面来进行：一方面，发挥和强化协同力的作用，并促进和扶植其产生与发展；另一方面，需要抑制和削弱总摩擦力，并阻止和警惕其产生与发展。因此，城市森林多主体协同治理机制可分为两个层面：第一个层面是运行机制，即为协同治理提供基础、条件、动力的机制；第二个层面是保障机制，即为在治理过程中及时对制度缺失、价值失衡、利益诉求、矛盾冲突进行处理的机制（聂法良，2014）。

8.2.1 运行机制

8.2.1.1 责任分担机制

由于协同治理的主体有多元性，且治理权力非垄断性及治理方式的民主性等特征，这就需要协同治理的相关主体各自承担相应的责任，以避免过程出现失序及失败的结果，即产生责任分担机制。责任分担机制对协同治理主体的权利与义务作出明确规定，是其他机制有效运作的基础与保障，并贯穿于协同治理的全过程。城市森林协同治理责任分担机制就是明确规定城市森林协同治理主体的权利与义务，使其明确自己的责任，并执行落实。例如，旧金山面对全市70多万棵树木组成的城市森林，对每一个治理主体的责任做了明确的划分（表8-1）。

表8-1 旧金山城市森林治理主体责任分工一栏表

治理主体	责任
市政工程部（DPW）	对公共区域所有的树木和绿化进行管辖；负责实施和执行本市的城市森林条例16条；修剪巡查行道树，对突发事件负责；颁发种植和采伐许可证
市休闲与公园部（RPD）	负责在4196英亩[①]绿地上的131 000棵树，包括在城市公园、自然区域和公共高尔夫球场的树木
其他城市机构	包括旧金山房管局、旧金山公共事业委员会（SFPUC）、旧金山市交通局（SFMTA）、旧金山国际机场（SFO）、旧金山港口和社区投资基础设施办公室，这些机构主要负责管理其单位区域的树木

续表

治理主体	责任
城市市民	负责其私有财产如房屋前后院的约 65 000 棵树的维护
城市森林之友（FUF）	这是非营利机构。志愿将社区居民和志愿者组织起来参与绿色家园建设，已经种植了超过 48 000 棵新树。负责组织提供各种各样的项目，包括种植、幼树护理、人行道绿化、社区参与、培训和教育。此外，为城市森林及绿化提出建议
州政府机构	负责管理国家和州驻市机构管理其土地上的树和景观，如州立大学、学区校园树木，加利福尼亚大学、州立公园的树木等
联邦机构	负责管理金门国家娱乐区等全市最大规模的城市森林
旧金山城市森林委员会	其是市长、城市监督委员会和林业局的一个咨询机构。负责促进城市森林健康和可持续发展，确保公众的健康和安全，为旧金山的未来放大城市森林的效益

资料来源：http://Urban forest.sfplanning.org

① 1 英亩 = 0.404 856hm²。

通过以上可以看出，旧金山的城市森林治理做到了国家、州、市政府部门、非营利组织、城市市民等的密切配合，并且责任分担，所以取得了很大的成效，旧金山的城市森林为城市提供的树木数以百万计美元效益，每 1 美元花在城市森林投资上的收益是 4.37 美元。投资回报率极大。再例如，随州城市森林建设总投资为 100.2 亿元，其中近期投资 56.8 亿元、远期投资 32.7 亿元。在全部投入中，实行投资分担，政府投资占 53.62%、企业投资占 25.79%、个人投资占 20.59%。在具体建设中责任分解，在城区、在郊区、在农村，林业、住建、水利、公路、农业等多部门各司其职，有序合作。林业部门只是其中之一，并不负责全部。因此，城市森林的治理需要建立责任分担机制，各治理主体要承担相关的责任。城市政府要切实承担起城市森林建设的组织者及监督管理者，财政支持者，政策、法律的制定及执行者，城市森林建设绩效考核评价激励者，生态道德意识的倡导者的责任。尤其是政府要加强宏观调控，为各主体的协同创造条件。根据我国城市森林建设热潮的再兴和大量城市人口对城市生态良好的诉求高涨趋势来看，可以说，我国的城市森林已经从起步阶段转向科学发展阶段，加强城市政府对城市森林的宏观调控和扶持是非常必需的。这就需要政府积极建立和健全治理系统，明确管理职责，减少条块分割，理顺管理制度。需要城市政府加强城市林业改革，加快剥离行业性机构，大力发展第三方城市森林治理主体。需要城市政府在税费、土地等方面推出重大扶持政策。需要政府营造良好的城市森林发展环境。城市林业企业要承担起利用相关资源，集中人力物力提供生态产品，创造财富，承担社会责任的角色。民间组织要承担起发挥专业所长，参与政府在城市森林领域的公共决策，履行环境保护和治理的职能和权力责任。城市公众要承担起树立生态价值观，养成生态行为，对城市森林运营提供建议，参与环境保护

8.2.1.2 有序参与机制

当前我国的城市森林协同治理系统，建立的核心是城市森林政策执行及解决城市森林问题。城市林业企业、民间组织及社会公众参与城市森林政策的制定、执行及监督，能够提高城市政府的合法性，并增进信任及提升政策执行效率，即各治理主体有序参与城市森林体系的协同治理，是其开展合作及履行相应责任的重要途径。第一，要发挥市场机制的决定性作用。加强与外界环境进行物质、能量和信息交流，积极引入有利于系统协同发展的能量，不断引入政策、人才、项目、技术、资金、需求、物质、文化、信息等资源，促进系统协同发展。第二，要构建开放式城市森林决策机制。城市政府要建立及发展多种形式的城市森林决策参与渠道，将社会公众引入城市森林决策及城市森林事务管理过程，以增强自身合法性的民意基础，并提高相关政策的执行效率。第三，要构建协调民主机制。协商民主体现了协同治理的有序性、自治性及参与性等，我国城市森林治理主体利益偏好各异，在协商过程中通常各自采取策略性行为以获取组织利益，而非实现城市森林利益，因此有必要通过制度或机制，规范及解决不同主体间的竞争、冲突及讨价还价等问题。第四，要构建社会公众参与规范机制。社会公众参与可能由于参与者不具有代表性、缺乏专业知识而对城市森林决策产生消极影响。通过规范社会公众参与机制，规避其负面作用，可以实现社会公众参与的积极有序。例如，西雅图建立了有序参与机制，仅2011年志愿者仅在公园修复项目上就提供了80 000志愿小时的工作，成功地让社区人员参加，成为城市森林建设的最大力量。

8.2.1.3 评价激励机制

要保证城市森林协同治理机制有序运行，就要采取一定措施激励各协同治理主体积极参与，并对各治理主体的绩效进行客观公正的评价，即通过建立评价激励机制，为城市森林治理提供不竭动力，促进其内部平衡有序运行。一方面，要建立客观公正的评价机制。城市森林多主体协同治理利益多元、分工细化、问题复杂，要借助专业知识、理论及方法，建立规范管理、科学评价制度及监管办法等，以预防化解治理主体间的矛盾，促进协同治理系统健康有序发展，如广东省对城市森林全面实行绩效考核。一方面，要建立激励机制，对城市森林建设突出的单位和个人进行奖励。例如，北卡罗来纳州每年举行城市森林奖励项目，面向与城市森林有关的所有个人、团体、企业和机构，目的在于奖励为保护和提高城市森林方面做出突出成就的集体与个人，主要涉及以下4个奖项：优秀城市森林董事会或委员会，奖励给那些已杰出完成城市林业项目，为其提供了卓越的领导才能,和/或满足当地城市森林需要方面取得标志性进展的董事会或委员会;优秀城市森林项目,奖励给积极对城市森林产生积极影响的单项项目,尤其是具有可复制性的城市森林项目;优秀个人,奖励给承认个人已经在组织或动员一个社区积极参与城市森林活动的社区领袖、民选官员、出色的志愿者,当地的非营利组织负责人和有关公民;优秀人才,奖励给予城市林业相关工作相连如树木、园艺、苗圃等公司的个人,如城市林业栽培专家、种植能手和教育工作者等。并举行隆重的表彰大会,为城市森林相关组织与个人进行激励(北卡罗莱纳州森林服务组织)。另一方面,要在相互信任的基础上建立一定的负激励手段,对在城市森林协同治理过程中违背协同行为的主体给予必要的惩罚,以便产生刚性约束,有利于实现协同治理。例如,淄博市在林政执法工作中,全市不断加大执法力度,严查乱捕滥猎野生动物、毁林开矿、滥占乱用林地、滥伐盗伐林木等各类破坏森林资源案件,并设立了层层公开举报电话,对发生的重大破坏森林资源案件实行林业建设一票否决制,促进了城市森林资源的管理工作。

8.2.2 保障机制

8.2.2.1 制度赋权机制

制度赋权是指通过法律制度赋予当事人权利,如将决策的责任和资源控制权授予或转移到那些即将受益的人手中。城市森林协同治理制度赋权机制是指通过制度建设促进治理主体依法作为、积极作为、合法作为,促进城市森林可持续发展的机制。因为建立健全城市森林的法律、法规、规章体系,是依法实施城市森林建设、维护城市生态安全的重要基础。例如,淄博市为建设城市森林,相继出台了《关于创建国家森林城市 建设森林淄博的意见》《关于建设生态淄博的决定》等一系列规范性文件和《淄博市大环境绿化规划》《淄博市绿化美化规划》《淄博市湿地保护与合理利用规划》等专项规划,保证了城市森林的依法建设。再例如,在1972年,美国国会通过1950年提出的合作管理森林行动法案修正案,合法管理城市森林变为现实,该法案提出城市森林发展计划,出版书籍,鼓励研究城市森林问题,并提供资金和技术,极大地促进了美国城市森林的发展。英国1938年颁布《绿带法》,是城市绿化实行法制最早的国家。该法规定,在伦敦周围保留宽13~24km^{2}的绿带,在此范围内不准建工厂和住宅,有效促进了英国城市森林的建设与保护。法治机制是解决公共问题的根本保障,无论城市政府、城市林业企业、民间组织及社会公众等,均必须依法参与治理,对于违法的主体必须承担相应责任。城市应认真贯彻落实国家、省有关生态建设的法律法规,积极争取市人大的支持,结合实际,在现有地方性法规、规章的基础上,抓紧制定出台相关法规。一是建立健全财税金融扶持制度，投入不足成为当前制约城市森林发展的主要制约因素，因此应积极建立健全城市森林的财税金融扶持制度，加大投入力度，落实相关所得税免除政策，可讨论建立生态税，实现城市森林的低息贷款政策等，并积极支持企业、非营利组织和个人对城市森林的捐赠政策，为城市森林的发展提供财税保障。二是完善城市森林生态效益补偿制度，研究确定合理的补偿标准，并建立与工资物价水平挂钩的动态调整机制。三是公益林政府赎买制度。对城市生态区位极其重要的集体或私人公益林，由政府出资赎买、租赁或者用国有林进行置换，交由国有林业单位经营管理。四是推进城市森林相关信息公开制度，出台城市森林信息化的相关制度与标准体系，保障信息系统相互联通，减少信息孤岛。最后建立治理主体协调制度，加强政府机构和其他合作伙伴之间的协调，尤其是依法编制城市政府"权力清单"、"职能清单"和"责任清单"，防止由于主体地位不平等导致的"越位"、"缺位"和"失位"。

8.2.2.2 利益均衡机制

利益分化是当前城市森林治理诸多矛盾问题产生的根源。通过建立城市森林协同治理主体间的利益均衡机制，可以有效调节分化的利益，从而避免、抑制乃至化解利益关系的过度失衡，实现城市森林协同治理主体行动的协同。第一，要建立信息获取机制。建立完善城市森林治理主体尤其是城市政府的信息公开制度，主动发布或经申请发布城市森林公共事务信息，保障社会公众对重大公共问题的知情权。第二，要建立利益凝聚机制。依托一定的组织载体与技术，对分散的社会公众利益进行聚合与提炼，为制定代表最广泛民意的城市森林政策提供必要条件。第三，要建立压力施加机制。建立并完善相关法律法规，赋予并保障城市森林协同治理主体以一定抗议形式向公共管理者施加压力的法定权利，确保其在权益受到侵害时能够获得行政、司法及舆论救济等。第四，要建立利益分配机制。通过利益分配机制使各主体的利益尽可能实现，这样才能调动各主体的积极性，便于协同治理系统的良性发展。例如，2011年，随州市全市流转林地26万亩，农民从中获得经营转让费1.3亿元，通过城市森林建设让随州城乡居民得到了日益充盈的生态、增收和发展实惠（陈永生，2013）。因此应综合利用行政和市场的手段，根据城市森林生态系统服务价值、城市森林的各项成本等，遵循"谁使用，谁付费"、"谁保护，谁受益"以及"谁受益，谁付费"的原则确定城市森林治理主体之间的利益关系，并通过转移支付、合理补偿、经济资助等方式实现城市政府关注生态、社会、经济利益平衡，提升城市核心竞争力；城市林业企业在承担生态社会责任的同时，追求经济效益最大化；民间组织关注环境教育、环境技术、环保科研等因素融入城市森林发展，促进实现一个更为绿色、和平和可持续发展的生态城市；城市公众注重生存环境和生活品质，关注幸福指数的利益诉求。

8.2.2.3 诉求表达机制

由于城市森林治理主体掌握的信息、资源以及争取利益的能力等存在较大差异，导致其对利益的诉求及表达渠道的畅通度不同。因此，要建立诉求表达机制，健全听证、表达、监督及举报等制度与程序，以确保城市森林各治理主体的诉求均能得到平等且充分的表达。例如，怀化市组织各行业的人大代表、政协委员，以及公园规划区内的乡村干部、群众代表共计38位听证代表对怀化凉山森林公园规划进行听证（吴日维，2014）。在听证会上代表们提出，提高生态补偿标准，确保区域内农民利益；切实加强保护，特别对区域内植被动物及水资源的保护，防止过度开发和破坏性开发；充分考虑市民多层次休闲需求，兴建自行车道，多修建简易登山步道；进一步挖掘景区资源，加强功能区的衔接和布局，做到特色更加突出，避免千篇一律；规划与农业产业相结合，充分保障当地农民出路；加强基础设施建设，布局更加优化等建议。听证代表表达了自己的诉求。鉴于协同治理各主体在信息与资源的掌握、对利益争取的能力等方面存在一定差异，尤其要注意保障部分社会弱势治理主体诉求表达渠道的畅通。应构建电子工具高效运用机制，促进治理信息共享，减少由于信息不对称引发的摩擦力。通过发展信息通信技术，打破官僚体制的信息垄断，保证治理主体共享一致的信息及资源环境，解决不同主体间治理信息的发布、交互与共享，提高治理信息交换速度与利用率，促进治理主体的协同运作效率提升。并充分利用团体决定支持系统、会议管理工具、政策情景模拟、专家在线咨询等网络信息技术，增加各治理主体参与决策及合理表达诉求的途径。

8.2.2.4 矛盾调处机制

城市森林各治理主体所追求的利益不同，其在各自的利益追逐过程中会产生一定的矛盾，若无法有效协调及处理相关方的矛盾，则会导致双方矛盾的进一步加剧及恶化，不利于对城市森林的治理。因此，要建立城市森林协同治理的矛盾调处机制，保障城市森林治理主体在出现相互间利益冲突时，运用此机制终止其矛盾，抑制主体间内耗引发的摩擦力。一方面，促进治理主体战略协同，形成良性循环机制。每一个治理主体都有其资源，有其核心的竞争能力，在治理系统中应有其发挥作用的位置。重要的是需通过目标指引、利益融合，实现战略协同，为治理主体间功能融合和形成互惠互利的共生关系创造条件，促进系统物质循环、能量流动、信息传递和价值增值之间形成良性循环，减少系统内耗引发的熵增。另一方面，要建立利益协调机制。通过搭建平台、广开言路等方式，引导城市森林协同治理主体以对话、谈判及妥协等理性方式，自主解决利益纠纷，从而减轻行政负担，降低城市森林协同治理成本。例如，青岛市针对植树增绿行动引起了广大市民和网友的广泛关注，通过召开城区园林绿化工作座谈会，就"植树增绿"行动进一步听取市人大代表、市政协委员、专家学者和市民代表意见；举行植树绿化专题网络在线问政；公布公开电话；及时微博官方发布等进行了广泛的互动，政府承认"植树增绿"行动存在局部区段栽植不合理、设计方案公开不及时、前期论证工作不细致、与市民网友沟通不主动等问题，广大市民和网友最后趋于理性，促进了科学植绿、合理植绿、廉洁植绿（黄志强，2012）。最后，要建立调解仲裁机制。完善城市政府、司法机制及第三方调解仲裁程序，使城市森林治理主体间发生利益冲突而无法自行达成妥协时，可采取调解仲裁方式终止相关方之间的矛盾。

8.3 我国城市森林协同治理机制的运用与完善

城市森林协同治理机制构建后，其运用的过程是城市森林的主要利益相关者，即治理主体，包括城市政府、城市林业企业、城市民间组织和市民在机制的作用下，促进治理主体积极参与城市森林的治理，承担相应的义务（表5-3），为协同治理提供基础、条件、动力，保证治理运行科学有序，并对多主体协同治理过程中出现的问题如制度缺失、价值失衡、利益诉求、矛盾冲突等及时进行解决，实现真正的城市森林多主体协同治理，达到城市森林治理的生态效益优先、社会效益凸显、经济效益兼顾，各治理主体获得相关利益。

从城市森林的机制运用过程中可见，城市森林协同治理机制是机制模型的核心组成部分，是治理主体与治理目标群之间的桥梁纽带，是支持治理中各个利益相关者共同促进城市森林科学发展的方式方法。机制构建后，在使用过程中，还需不断完善。各治理主体及时获得机制实施后获得效益的信息，并将这些信息和治理控制的目标相对照，找出差距，发现问题，分析原因，进而调整完善相关机制，再次运用到城市森林的多主体协同治理中。如此循环往复，闭合运行，不断优化。

总之，城市森林协同治理机制在构建运用和完善中，保障治理主体的积极参与，治理科学有序，问题及时解决，以推动城市森林的多主体协同治理。

第9章 我国城市森林多主体协同治理信息集成平台建设

城市森林的协同治理必须建立在信息协同的基础上，各参与主体充分的信息交流和信息共享是保障多主体协同治理城市森林的基本条件，为此必须建立协同治理的信息平台。城市森林协同治理信息集成平台建设就是以协同思想为指导思想，适应"互联网+"新趋势，依托云计算、物联网和下一代互联网等新兴技术，以信息技术高度交互（interaction）、合作（collaboration）和集成（integration）等方式，克服时间和空间的限制，对不同治理主体（城市政府、城市林业企业、民间组织、社会公众）关注的城市森林规划、建设、管理、服务等事务，通过一个协同的信息平台，能将所有的"协同"信息及时提供给正在"协同"工作的治理主体，实现获取信息、传递信息、存储信息、处理信息、显示信息、分配信息等功能，达到信息立体感知、管理协同高效、生态价值凸显、服务内外一体的目的，实现整体效益的最大化。

9.1 信息集成平台建设的可行因素

城市森林协同信息平台的建设当前已具备了许多可行因素，主要如下。

9.1.1 网民的崛起提供群众基础

自1994年，中国成为被国际正式认可为拥有全功能互联网的国家后，经过近20年的飞速发展，截至2013年12月，我国网民规模达6.18亿人，其中，手机网民规模达5亿人，网民中使用手机上网的人群占81.0%（中国互联网信息中心，2014）。庞大的"网民"群体不再只是虚拟世界的自娱自乐者。他们不只盯着什么"网上调查""网上预约""网上定购"等经济活动，也不再把"网络电影""网络游戏""网络音乐""网络文艺""网络旅游""网络餐饮""网络下载"等当做全部。他们还积极以网络为途径和手段，通过浏览政府网站获取信息，并参与重大事项的讨论或者有关的网上调查，或者通过网站论坛、微信、博客等参与重要事项的讨论，并对政府行为献计献策等，积极参与社会事务，直接或者间接影响公共政策的制定、执行以及影响政府运行。这为城市森林协同治理平台提供了强大的群众基础。

9.1.2 电子民主的发展提供政治条件

随着信息化的快速发展，"电子民主"（electronic democracy）应运而生，成为现行政治体制中改进代议民主制度的一种积极尝试。主要是指它以发达的信息技术、网络及其相关技术为运作平台，以直接民主为发展趋向，以公民的全体、主动、切实参与民主决策、民主选举等民主运作程序为典型特征的一种民主新形式（宋迎法和刘新全，2004）。其包括政府利用信息技术提供服务，加强与公民的交流与合作，不断改进政府工作和公民利用新技术积极向政府或者公民社会组织反馈信息、表达意见，积极地参与政府政策制定过程。具有巨大的政治、经济和社会行动价值。契合当前城市政府城市森林建设的需要，社会团体在社会治理中的需要，有助于公民在城市森林治理中发挥作用，奠定了城市森林协同治理信息平台建设与使用的政治条件。

9.1.3 信息技术的进步提供技术支持

20世纪以来，在世界范围内兴起了一场以微电子技术、计算机技术与光纤通信技术等为核心的信息技术革命，对社会发展产生了重要影响，是以往任何一次技术革命所不可比拟的。在经历了计算机的产生与发展、互联网的产生与发展后，当前将巨大的系统池连接在一起以提供各种IT服务云计算（cloud computing）技术；将人与物的网络信息系统相连接，实现物理世界与信息世界的无缝连接的物联网技术；掌握庞大的数据信息，并能对这些含有意义的数据进行专业化处理的大数据（big data）技术；以计算机技术为核心，结合相关科学技术，生成与一定范围真实环境在视、听、触感等方面高度近似的数字化环境的虚拟现实（virtual reality，VR）技术；移动通信技术与互联网技术融合的移动互联网技术；RS（remote sensing，遥感）、GPS（global positioning system，卫星导航定位系统）、GIS（geographic information system，地理信息系统）这3项相互独立而在应用上又密切关联的3S技术等为城市森林协同治理信息平台建设提供了技术支持。

9.1.4 智慧城市的建设提供建设机遇

自2008年年底IBM提出借助新一代信息技术建设"智慧地球"的设想，

2009年又提出建设"智慧地球"首先需要建设"智慧城市"的口号，希望通过"智慧城市"的建设引领世界城市通向繁荣和可持续发展。智慧城市是以运用新一代信息技术为基本手段，以全面感知、深度融合、智能协同为城市运行的基本方式，以提高城市公共管理和公共服务的效益为基本目标，以实现城市可持续发展和为人类创造美好城市生活为根本目的的信息社会的城市发展形态。到今天，智慧城市成为解决日趋严重的城市病的重要途径和创新模式，最终被政府和民众逐渐接受并推广，且发展迅速。全球大概有1200多个"智慧城市"的项目正在实施中（崔保国，2001）。据统计，截至2012年2月底，我国提出智慧城市建设的总数量已经达到了154个，计划投资规模超过1.1万亿元。2013年1月29日住房和城乡建设部公布了首批国家智慧城市试点名单，共90个城市（丁向阳，2005）。2014年8月27日国家发展和改革委员会、工业和信息化部、科学技术部等8部门联合下发《关于促进智慧城市健康发展的指导意见》（国家发展和改革委员会等，2014），明确提出到2020年建成一批特色鲜明的智慧城市。意见下发以来，各地区各城市也提出了自己城市建设智慧城市的意见，突出的是要统一进行顶层设计，最大限度整合资源，确保智慧城市建设规范、有序进行。所有政府投资的信息工程项目，要严格按照法律法规进行管理，充分利用政务网络和公共服务平台，实现各系统间的互通和信息资源共享。要坚持和完善统一规划、统一项目和资金管理、统一网络、统一机房、统一信息交换平台、统一数据中心的"六统一"机制，避免重复建设和资源浪费，确保信息系统安全。这为城市森林信息协同平台集成建设提供了难得机遇。

9.2 协同治理信息集成平台构建

9.2.1 构建的基本原则

构建城市森林协同治理信息平台应该遵循以下3个原则。

1）面向用户原则。城市森林协同治理信息平台构建的首要原则是面向用户原则，就是要关注城市森林协同治理主体的需求变化，理解参与各方的需求合理性，在此基础上，建立参与方的角色机制，设定他们的角色权限与角色间分工、协同机制，使建构的系统能够满足不同角色用户管理的需求，实现便捷的管理，而不是增加新的束缚与工作负担。

2）整体性原则。城市森林协同治理信息平台构建应加强整体性。城市森林协同治理信息平台本身是一个完整的系统，涉及城市政府、城市林业企业、民间组织、城市市民等各个方面的要素。因此构建信息平台应用集成的思想，考虑到各个要素，避免顾此失彼。

3）应用性原则。城市森林协同治理信息平台构建应加强可操作性。把应用作为构建的核心，主要进行信息集成共享、资源交换、业务协同等，为城市森林的协同治理提供直接的服务，主要建设内容包括城市森林管理体系、城市森林服务体系、城市森林生态价值体系等。构建应有针对性，突出实效性。

9.2.2　平台功能需求分析

城市森林协同治理信息平台是支持城市森林信息合作、交流和共享的服务方案，它们的服务内容集中于以下几点：治理主体信息管理、主体间信息共享、协同工作管理、相关信息通告和检索，其应包含以下功能。

治理主体信息管理的功能：平台能够对城市政府、城市林业企业、民间组织、社会公众等城市森林治理主体的真伪进行鉴别，屏蔽掉不真实用户；针对不同治理主体设定不同权限，满足不同治理主体的功能需求。

信息发布功能：平台具有对城市政府森林事务公开信息、城市林业企业需求信息、民间组织志愿信息、社会公众参与信息、城市森林新闻、城市森林的通知公告、城市森林相关政策、科研成果、会议、活动、项目等信息的发布、编辑、审核及修改功能。

项目管理功能：平台有面向不同主体的城市森林项目管理功能。不同主体在不同的项目生命周期中充当不同角色，即能够满足在任何场景下项目的安全性和可控性，保障每种角色的权限与职责；同时又能够满足在分布、多变的环境下项目流程控制的智能性和灵活性。使项目的管理既不流于形式也不过于呆板和固化。

交流讨论功能：城市森林的治理离不开治理主体的交流讨论，协同信息平台应该提供一个能够同时支持兼容各种即时通信服务的客户端工具，并且为主体间交流提供聊天室、讨论组、博客与腾讯 QQ、微信等主流社交媒体的接口开放，能够将活动信息及时发布到主体常用的交流平台中。

决策支持功能：能对数据、照片、视频进行实时浏览、查询、统计，对海量的各类数据和相关业务数据依照相关的要求进行处理、加工、统计、分析，为决策者提供所需的数据、信息和背景资料，帮助明确决策目标和问题的识别，建立或修改决策模型，提供各种备选方案，对各种方案进行评价和优选。对林业工作成果、重大事件的处理进行归纳、总结和展示，依据不用的类型设置不同的专题，进行分类管理，提高资源的利用率和针对性，为城市森林管理者、工作者提供学习平台，为以后的城市森林决策管理工作提供可复制、可推广、可执行的解决方案，形成城市森林工作连贯一致的决策体系和发展战略。

扩展功能：协同信息平台作为一个开放动态的信息服务模式，需要根据主体的需求，不断完善其服务功能。

9.2.3 平台的总体实现框架

城市森林协同治理平台是基于物联网、下一代互联网、大数据等现代信息技术，涵盖城市森林规划、建设、管理和服务等四大方面满足城市政府、城市林业企业、民间组织和城市市民需要的新型城市森林协同治理集成平台。按系统的功能结构，建构城市森林协同治理信息平台的系统架构（图9-1）。

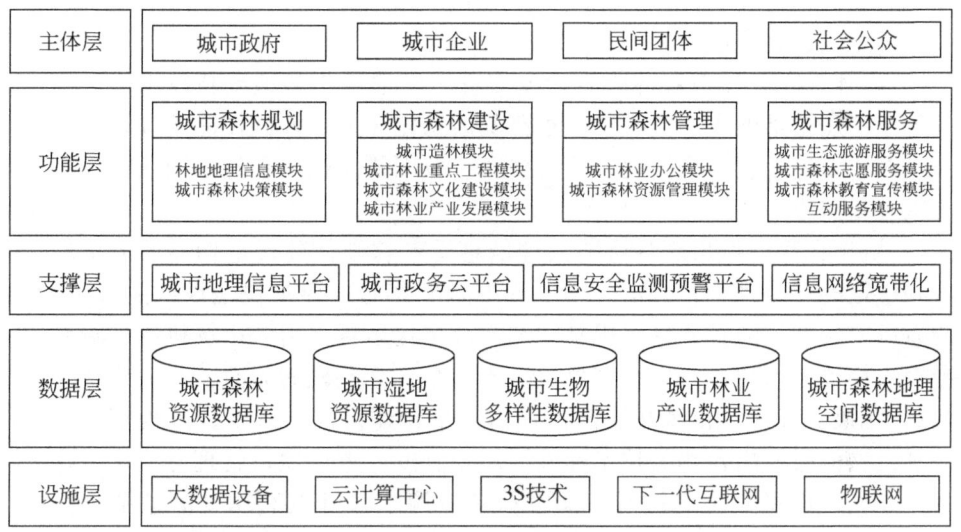

图 9-1　城市森林协同治理信息平台总体架构

其总体架构主要包括设施层、数据层、支撑层、功能层、主体层5个层面。

1）设施层。设施层是基础，主要进行城市森林信息采集、简单处理及数据传输，为城市森林的高效协同治理提供基础信息及高速通道，主要是利用3S及物联网、移动互联网等技术快速的采集、传递数据。

2）数据层。数据层是平台的信息仓库，为城市森林协同治理提供丰富的数据源，全面支撑城市森林治理的各项应用。主要包括城市森林资源数据库、地理空间信息数据库、林业产业数据库、城市湿地资源数据库、城市生物多样性数据库。

3）支撑层。支撑层是平台即时、高效运营的关键，主要包括依托政府建立建设的城市地理信息平台、城市政务云平台、信息安全预警平台、城市网络宽带无线化等，为平台的应用系统提供统一有效的支撑。

4）功能层。功能层是平台建设与运营的核心，是实现协同治理信息平台的具体业务功能，包括城市森林的规划、建设、管理等的一系列服务，最终实现协同效应。

5）主体层。也就是平台的用户角色，包含城市政府、城市林业企业、民间团体、城市市民四大类角色。

9.3　信息集成平台建设的保障措施

1）组织保障。要将城市森林协同治理信息平台建设摆在突出位置，进一步加强组织领导，建立完善相应的领导体制和工作机制，做到统筹规划、组织协调、监督考核、有序进行。

2）人才保障。城市森林协同治理信息平台建设集多项高新技术于一体，技术含量高，建设难度大。应聘请专家普及信息化知识，开展技能培训。同时加大高层次人才引进力度，积极引进相关技术、应用研发机构和技术团队，为平台建设提供人才保障。

3）资金保障。城市森林协同治理信息平台软硬件建设迫切需要大量的资金投入和稳定的资金来源，保证各项工程的顺利实施。要加快建设政府投资为主、社会力量广泛参与的资金保障机制。加强市场化运营，引入市场机制，吸引社会资金投入相关项目建设，形成多渠道投入、多方面共赢的局面。

4）制度保障。城市森林协同治理信息平台建设需要统一标准规范，促进信息共享，这就需要出台相关技术标准、规章制度、重点项目管理办法、工作的评估考核办法、信息安全制度等，保障信息资源有效开发利用、信息系统互联互通，确保信息系统安全。

参 考 文 献

埃莉诺·奥斯特罗姆.2000.公共事物的治理之道：集体行动制度的演进.余逊达,陈旭东译.上海：上海三联书店.

蔡春菊,彭镇华,王成.2005.扬州城市森林的文化承载功能初探.中国城市林业,（06）：51-55.

曹现强,侯春飞.2004.中国非营利组织成长机制分析——自主治理的视角.中国行政管理,（4）：25-28.

曹云.2012-12-03.为经济社会发展编织绚丽绿装.中国绿色时报.

曹云.2014-09-23.城市森林创造最普惠的公民生态福利.中国绿色时报,B3.

常金宝.2004.干旱半干旱地区工矿城市森林建植技术与生态效益评估研究——以神东煤田及达电厂区绿化为例.北京：北京林业大学博士学位论文.

场圃总站.2014-04-09.2013年度森林公园建设经营情况.http：//www.forestry.gov.cn/portal/slgy/s/2452/content-669504.html.

陈贵松.2010.森林公园利益相关者共同治理研究.北京：北京林业大学博士学位论文.

陈慧,王冬云,刘金根.2010.城市森林建设问题分析与对策.湖北林业科技,（4）：50-53,74.

陈锐.2012-12-27.2012年群体性事件研究报告.http：//www.legaldaily.com.cn/The_analysis_of_public_opinion/content/2012-12/27/content_4092138_2.htm.

陈爽,詹志勇.2004.南京城市森林结构特征与管理对策.林业科学,（06）：158-164.

陈天鹏.2008.生态城市建设与评价研究.哈尔滨：哈尔滨工业大学博士学位论文.

陈永生.2013-05-10.森林城市创建让百姓得足了实惠.中国绿色时报.

崔保国.2001.信息社会的理论与模式.北京：高等教育出版社.

崔立明,刘红梅.2009.城市林业的研究与发展.河北林业科技,（04）：54；56.

戴维·奥斯本,特德·盖布勒.1996.改革政府——企业精神如何改革着公营部门.上海市政协编译组译.上海：上海译文出版社.

邓全伦.2012.重庆换种逾2千万棵银杏曾广遭质疑.http：//news.sina.com.cn/c/sd/2012-12-06/103325745419.shtml.

刁尚东.2013.我国特大城市生态文明评价指标体系研究——以广州市为例.武汉：中国地质大学博士学位论文.

丁向阳.2005.城市基础设施市场化理论与实践.北京：经济科学出版社.

费世民,徐嘉,孟长来,等.2010.城市森林的兴起及其概念.四川林业科技,31（3）：42-37.

冯彩云,刘欣.2007.美国和加拿大的林业非政府组织建设.世界林业研究,（5）：53-56.

冯锋,汪良兵.2012.技术创新链视角下区域科技创新系统协同发展度研究.中国科技论坛,（3）：36-43.

古琳,王成.2011.中国城市森林可持续经营现状及发展对策.中国城市林业,（05）：1-4.

顾仲阳.2014-02-28."大树进城"之风花费巨大破坏生态.http：//gb.cri.cn/40151/2014/02/28/7091s4442702_1.htm.

郭燕茹. 2013. 公众参与城市森林绿地建设的缺失与补偿. 林业经济,（09）：113-116.

国家发展和改革委员会, 工业和信息化部, 科学技术部, 等. 2014-08-29. 关于促进智慧城市健康发展的指导意见. http：//www. sdpc. gov. cn/gzdt/201408/t20140829_ 624003. html.

国家林业局. 2013. 关于印发《推进生态文明建设规划纲要》的通知. http：//www. forestry. gov. cn/portal/main/govfile/13/govfile_ 2038. htm.

国家林业局. 2013-8-21. 中国智慧林业发展指导意见. http：//www. forestry. gov. cn/portal/main/s/2429/content-697740. html.

国家林业局科学技术司. 2014. 努力增强森林生态功能. http：//www. forestry. gov. cn/portal/main/s/4431/content-719805. html.

国家林业局生态监测评估中心. 2014. 改善生态任重道远——深入学习贯彻习近平总书记关于生态文明建设重大战略思想. 中国林业网, 2014-12-26. http：//www. forestry. gov. cn/portal/main/s/4431/content-725957. html.

国家林业局生态文明研究中心. 2014. 生态兴则文明兴 生态衰则文明衰——深入学习贯彻习近平总书记关于生态文明建设重大战略思想. 中国林业网, 2014-10-23. http：//www. forestry. gov. cn/portal/main/s/4431/content-719811. html

韩明臣. 2011. 城市森林保健功能指数评价研究. 中国林业科学研究院：79.

韩明臣, 李智勇. 2011. 城市森林生态效益评价及模型研究现状. 世界林业研究,（02）：42-46.

贺巧知. 2014. 政府购买公共服务研究. 北京：财政部财政科学研究所博士学位论文.

红网论坛. 2012. 永州城投公司种树不管死活, 是不是太有钱了? http：//bbs. rednet. cn/thread-26890518-1-1. html.［2012-08-14］.

侯海燕, 刘则渊, 陈悦, 等. 2006. 当代国际科学学研究热点演进趋势知识图谱. 科研管理, 27（03）：90-96.

胡然. 2012. 刚种的树一碰就倒 市民质疑：种树还是种"数". http：//news. enorth. com. cn/system/2012/06/21/009490728. shtml.［2012-06-21］.

环境保护部. 2014-06-05. 2013年中国环境状况公报. http：//jcs. mep. gov. cn/hjzl/zkgb/2013zkgb/.

黄少卫, 康文星, 吴耀兴, 等. 2010. 城市森林对小气候的调节及其功能价值评估. 中南林业科技大学学报,（01）：90-94.

黄志强. 2012-05-10. 青岛"种树风波"：68天官民博弈, 多次错失互动良机. 东方早报. 1-4.

李东云. 2007. 非政府组织在我国环保事业中的参与行为初探. 厦门：厦门大学硕士学位论文.

李桂君, 杜磊, 李玉龙. 2014. 城镇化背景下我国小城镇发展协同度测度模型. 工程管理学报,（02）：46-51.

李吉跃, 刘德良. 2007. 中外城市林业对比研究. 北京：中国环境科学出版社.

李英, 刘奔. 2009a. 居民参与城市森林生态服务供给的行为分析. 中国林业经济,（04）：12-14, 26.

李英, 刘奔. 2009b. 我国城市森林生态服务供给存在的问题及解决对策. 学术交流,（10）：120-123.

李忠魁,周冰冰.2001.北京市森林资源价值初报.林业经济,(02):36-42.

廖曰文,章燕妮.2011.生态文明的内涵及其现实意义.中国人口·资源与环境,(03):377-380.

刘翠玲.2010.基于森林生态美学理论的城市森林建设与管理.中国城市林业,(02):54-56.

刘德良.2006.中外城市林业对比研究.北京:北京林业大学博士学位论文.

刘德良,李吉跃,左家哺.2005.论城市森林及其生态系统的建设.湖南环境生物职业技术学院学报,11(03):195-200.

刘慧媛.2011.世界遗产地无形资产协同运营机制研究.天津:天津大学博士学位论文.

刘利兰.2002.中国近20年城市化进程分析.成人高教学刊,(6):25-27

刘平.2003-12-22.加快建立健全公众参与环保机制.中国信息报.第1版.

刘玉民.2008.城市建设管理中利益协调的制度平台设计探索.北京:清华大学博士学位论文.

陆贵巧,谢宝元,谷建才,等.2006.大连市常见绿化树种蒸腾降温的效应分析.河北农业大学学报,(02):65-67.

陆贵巧,尹兆芳,谷建才,等.2006.大连市主要行道绿化树种固碳释氧功能研究.河北农业大学学报,(06):49-51.

鹿峰,李竟成.2007.科技——经济系统协同度模型及实证分析:1998—2003.太原理工大学学报(社会科学版),(03):5-9.

马正其.2008.重庆森林工程总体规划.重庆:重庆出版社.

苗东升.1988.自组织与他组织.中国人民大学学报,(04):46-50.

那春风.2012.浅谈中国城市森林建设.国家林业局管理干部学院学报,(03):25-29.

尼格尔·泰勒.2006.1945年后西方城市规划理论的流变.李白玉,陈贞译.北京:中国建筑出版社.

倪同良,李福双.2006.城市森林建设中存在的问题及对策浅析.防护林科技,(03):64-66.

聂法良.2014a.CNKI收录中国城市森林研究文献的可视化分析.林业经济,(12):117-122.

聂法良.2014b.基于生态文明的城市森林多主体协同运营体系构建.中国海洋大学学报(社会科学版),(06):75-81.

聂法良.2015.城市森林协同治理体系的协同度评价指标及应用——以青岛市为例.山东农业大学学报(自然科学版),(02):173-179.

聂可.2014-09-10.青奥村附近树木枯死系反季节突击移植? http://epaper.qingdaonews.com/html/qdrb/20140911/qdrb775586.html.

潘岳.2006-9-28.论社会主义生态文明.中国经济时报.

彭军.2010.城市森林建设"重庆模式"研究.重庆:西南大学博士学位论文.

彭镇华.2003a.上海现代城市森林发展.北京:中国林业出版社.

彭镇华.2003b.中国城市林业.北京:中国林业出版社.

濮天宇,陈倩儿.2012.青岛种树,公民在行动.浙江人大,(06):42-45.

青岛市林业局.2014-12-05.青岛市林业局2014年工作总结.http://www.qingdao.gov.cn/n172/n31280317/n31280332/141113092107812588.html.

任稳安.2013-03-21.建设森林城市 打造西安绿肺荡尘霾.http://www.flowerworld.cn/info/

162061. html.

萨缪尔森，诺德豪斯．1999．经济学．萧深译．北京：华夏出版社．

沈芝琴，陈秋华，陈贵松，等．2011．城市森林游憩功能评价研究——以福州国家森林公园和金牛山公园为例．林业经济问题，（03）：228-233．

石丽萍．2006．北京市林地数量变化及其驱动力研究．北京：北京林业大学硕士学位论文．

史梅容．2010．城市森林研究进展．安徽农业科学，38（13）：6841-6843，6846．

束马兰，周璐，邱洋．2014．近二十年我国城市森林研究综述．江苏科技信息，（02）：68-70．

四川大学"美丽中国"研究所．2014-01-02．2013美丽中国省会副省级城市建设水平研究报告．http：//wenku.baidu.com/link?url=yjncADrLrOgUPFvwxlV2-vZ4xepWM5Q0H0B-k1xQcee PJ9OhKEm2qSFx49Dq2hydGvAnbmw-ZF-4tFdqdDv-_qLa77Mq0LPJDtsvrr_H5Du．

宋迎法，刘新全．2004．电子民主：网络时代的民主新形式．江海学刊，（06）：94-97．

苏祖荣，苏孝同．2013．森林文化体系的建构．福建林业，（06）：16．

谭博，容和平．2014．企业战略联盟协同效应的演化博弈分析．商业时代，（18）：99-102．

陶国根．2014．生态文明建设中协同治理的困境与超越．公共管理研究，（03）：105．

托马斯·霍布斯．1985．利维坦．北京：商务印书馆．

汪良兵，洪进，赵定涛，等．2014．中国高技术产业创新系统协同度．系统工程，（03）：1-5．

王彬彬，刘祖云．2008．解读生态型政府：提出、意旨及其价值．晋阳学刊，（04）：24．

王建峰．2012．区域产业转移的综合协同效应研究——基于京津冀产业转移的实证分析．北京：北京交通大学博士学位论文．

王木林．1998．论城市森林的范围及经营对策．林业科学，（04）：41-49．

王如松．2001．系统化、自然化、经济化、人性化——城市人居环境规划方法的生态转型．城市环境与城市生态，（3）：1-5．

王伟．2013．我国城市环境污染现状及防治措施研究．中国高新技术企业，（17）：93-94．

王旭东．2014-01-08．森林城市建设成为林业发展强力引擎．http：//www.forestry.gov.cn/．

王雁，缪昆．2003．城市森林植物修复污染土壤的功能．东北林业大学学报，（05）：65-67．

王义文．1992．城市森林的兴起及其发展趋势．世界林业研究，（01）：42-49．

王义文．2005．城市森林，给我们带来了什么？——关于生态、经济、文化的效益．森林与人类，（04）：12-14．

王兆君．2003．国有森林资源资产运营研究．哈尔滨：东北林业大学博士学位论文．

王征国．2014．国家治理体系与治理能力的涵义．理论学习，（10）：12-18．

吴昌松．2013．"美丽中国"政策中政府行为的选择分析——基于博弈论的视角．中国集体经济，13（03）：159-160．

吴日维．2014-07-21（01）．我市举行凉山森林公园规划听证会．怀化日报，第1版．

吴晓纬，燕飞，韩宁，等．2010．基于WebGIS的城市森林管理系统研究．湖南农业科学，（08）：46-47．

吴耀兴，康文星，郭清和，等．2009．广州市城市森林对大气污染物吸收净化的功能价值．林业科学，（05）：42-48．

吴泽民．2005．城市森林经营管理中的几个主要方面．中国城市林业，（05）：17-19．

项锐．2012-09-08．温州龙湾安置房水泥地上搞绿化 网友称它"神一般的工程"．http：//

www.dzwww.com/xinwen/xinwenzhuanti/2008/ggkf30zn/201209/t20120908_7417049.htm.

肖建武,康文星,尹少华.2008.营造城市森林以促进"国家森林城市"的建设.生态经济,(02):20-24.

肖建武,康文星,尹少华,等.2009.城市森林固碳释氧功能及经济价值评估——以第三个"国家森林城市"长沙市为实证分析.林业经济问题,(02):129-132.

肖建武,康文星,尹少华,等.2011.广州市城市森林生态系统服务功能价值评估.中国农学通报,27(31):27-35.

肖秀华.2004.科技进步与城区可持续发展关系研究.武汉:武汉理工大学硕士学位论文.

肖艳艳.2010.论园林绿化与经济发展的互动关系.现代商贸工业,(24):378-379.

徐盘钢.2003-03-25.社会资本认可林业投资价值.农民日报,第3版.

许良,王妍.2014.基于灰色熵权法的绿色商贸型物流园区运营绩效评价研究.物流工程与管理,(07):67-70.

许一耿.2006.关于中国城市森林可持续发展的若干对策.林业建设,(2):27-30.

烟台市林业局.2014-4-11.烟台市国家森林城市建设总体规划编制公开招标公告.http://www.ccgp.gov.cn/cggg/dfbx/gkzb/201404/t20140411_3384895.shtml.

杨扬.2013-03-13.合肥引资22亿多元打造城市森林.中国绿色时报.

姚先铭,康文星.2007.城市森林社会服务功能价值评价指标与方法探讨.世界林业研究,(04):67-71.

殷欧.2005.上海现代城市森林建设与管理对策研究.杭州:浙江大学硕士学位论文.

俞可平.2014-2-27.推进国家治理体系和治理能力现代化.http://theory.people.com.cn/n/2014/0227/c83859-24485027-2.html.

郁建兴,张利萍.2013.地方治理体系中的协同机制及其整合.思想战线,(06):95-100.

张道武,吴劲松.2008.科学发展观贯彻落实中多主体行为博弈论建模研究.运筹与管理,17(02):57-61.

张立,杨宁.2013.生态文明:建设美丽中国的必然之路.中共郑州市委党校学报,(04):10-14.

张明亮,王海霞.2006.城市森林的综合效益分析及规划建设对策.国土与自然资源研究,(01):40-41.

张西流.2012-08-02.深圳"绿化义捐"何以遭市民"绿脸反对"?http://www.southcn.com/nfdaily/opinion/content/2012-08/02/content_52067301.htm.

张宇卓,殷国鹏.2013.基于云模型和熵权理论的服务外包示范城市承接优势评估.系统工程,(5):112-113.

章滨森,谢和生,李智勇.2012.我国城市森林建设的发展与驱动研究.浙江林业科技,(1):76-81.

中国互联网信息中心.2014.我国网民规模达6.18亿,超八成网民使用手机上网.中国包装,(03):76.

中国社科院.2014.预计2014年人均GDP达7000美元.http://www.yicai.com/news/2014/11/4041320.html.

中牟县城乡建设管理局.2012.河南省中牟县城市森林公园建设工程施工招标公告.河南省

政府采购网，2012-6-18. http：//www.caigou2003.com/tender/notice/20120618/notice_352054.html.

周晓芳，吕勇. 2010. 高密度城市群城市森林建设原则与对策——以长株潭城市群为例. 林业资源管理，（05）：86-91.

周晓芳，吕勇. 2011. 长沙市城市森林社会功能与城市梯度相关分析. 安徽农业科学，（27）：16680-16683.

庄少豪. 2014-11-01. 政府购买生态服务. 黄河报，（4）.

左学佳. 2008-06-23. 园林专家：城市绿化应引入立法监管机制. http：//special.yunnan.cn/index/content/2008-06/23/content_30964.htm.

CNNIC 2014. 我国网民规模达6.18亿，超八成网民使用手机上网. 中国包装，（03）：76.

American Forests. 2016. Urban Forests Case Studies-Introduction. http：//www.americanforests.org/our-programs/urbanforests/urban-forests-case-studies/urban-forests-case-studies-introduction/.

American Forests. 2016. Urban Forests -Why We Care. http：//www.americanforests.org/our-programs/urbanforests/.

Bodine A R, et al. 2014. Assessing urban forest effects and values：Douglas County, Kansas. NRS-91：76.

Bryson John M, Barbara C Crosby, Melissa Middleton Stone. 2006. The design and implementation of cross-sector collaborations：Propositions form the literature. Public Administration Review, 66（s1），44-55.

Charkham J. 1992. Corporate Governance：Lessons from Abroad. European Business Journal,（2）：8-16.

Department of Parks, Recreation and Cultural Resources, Arlington, Virginia. 2004. Urban forest master plan. http：//www.arlingtonva.us/Departments/ParksRecreation/Documents/9180UFMP_Final.pdf［2007-9-10］.

Dr. Cecil Konijnendijk, Dr. Kjell Nilsson, Dr. Thomas Randrup, et al. 2005. Urban Forests and Trees. Springer Berlin Heidelberg：187-205.

Freeman Edward R. 1984. Strategic management：A stakeholder approach. Boston：Pitman：46.

Freeman R E. 1983. Stockholders and stakeholders：a new perspective on corporate governance. California Management Review, 25（3）：93-94.

Freeman R E. 1984. Strategic Management：A Stakeholder Approach. Boston：Pitman Publishing Ine.

Nowak D J, Hirabayash S, Allison Bodine. 2014. Tree and forest effects on air quality and human health in the United States. Environmental Pollution,（193）：119-129.

Huxham, Chris, Vangens. 2005. Managing to Collaborate：the theory and practice of collaborative advantage. Routledge, Abingdon：4.

Jane Braxton Little. 2012. The Future of Urban Forests in California's Cap & Trade Market. http：//californiareleaf.org/newsletters/newsletter-summer-2012/2/.

Jenny Caldwell, Catherine Cruz-Ortiz, Craig Dsouza, et al. 2015-06-16. Supporting Urban Green Infrastructure. http：//ec.europa.eu/environment/nature/ecosystems/index_en.htm

Kenney, W A van Wassenaer P J E, Satel A L. 2011. Criteria and indicators for strategic urban forest planning and management. Arboriculture & Urban Forestry, 37 (3): 108-117.

Lacan I, McBride J. 2009. War and trees: the destruction and replanting of the urban and peri-urban forest ofSarajevo, Bosnia and Herzegovina. Urban Forestry & Urban Greening, (8): 133-148.

Lamichhane D, Thapa H B. 2012. Participatory urban forestry in Nepal: gaps and ways forward. Urban Forestry & Urban Greening, (11): 105-111.

Maija Sipilä, Liisa Tyrväinen. 2005. Evaluation of collaborative urban forest planning in Helsinki, Finland. Urban Forestry & Urban Greening, (4): 1-12.

Mitchell A, Wood D. 1997. Toward a Theory of Stakeholder Identification and Salience: Defining the Principle of who and What Really Counts. Academy of Management Review, 22 (4): 853-886.

Negi. 2000. 建立林业部和非政府组织间的信任. 林业与社会, (5): 15.

North Carolina Forest Service. 2012-08-08. Urban & Community Forestry Awards Program. http://www.ncforestservice.gov/Urban/urban_awards.htm.

Nowak D J, Greenfield E J, Hoehn R E, et al. 2013. Carbon storage and sequestration by trees in urban and community areas of the United States. Environmental Pollution, (178): 229-236.

Peckham S C, Duinker P N, Ordóñez C. 2013. Urban forest values inCanada: views of citizens in Calgary and Halifax. Urban Forestry & Urban Greening, 12 (2): 154-162.

Peters B Guy. 1998. Managing Horizontal Government: The Politics of Coordination. Ottawa: Canadian Centre for Management Development.

Poe M, Hurley P T. 2012. Producing edible landscapes in Seattle's urban forest. Urban Forestry & Urban Greening, (11): 187-194.

Roberts L. 9 Billion? Science, 333 (6042): 540-543.

Roy S, Byrne J, Pickering C. 2012. A systematic quantitative review of urban tree benefits, costs, and assessment methods across cities in different climatic zones. Urban Forestry & Urban Greening, (11): 351-363.

Schmitter P C. 2002. Participation in governance arrangements: is there any reason to expect it will achieve "sustainable and innovative policies in a multilevel context? //Grote J R, Gbikpi B. Participatory Governance. Political and Sociatal Implications. Opladen: Leske & Budrich: 51-70.

Stoker Gerry. 2004. Designing institutions for governance in complex environments: Normative rational choice and cultural institutional theories explored and contrasted. Economic and Social Research Council, (1): 3.

SustainingAmerica's Urban Trees and Forests. http://www.nrs.fs.fed.us/people/dnowak/.

Templeton Scott R, George Goldman. 1996. Estimating economic activity and impacts of urban forestry inCalifornia with multiple data sources from the 1990s. Journal of Arboriculture, 22 (3): 131-143.

Tyrvainen L. 1997. The amenity value of the urban forest: an application of the hedonic precing method. Landscape Urban Plant, (37): 211-222.

Tyrvainen L, Vaananen H. 1998. The economic value of urban forest amenities: an application of the contingent valuation method. Landscape Urban Plant, (43): 105-118.

Tyrväinen L, Silvennoinen H, Kolehmainen D. 2013. Ecological and aesthetic values in urban forest management. Urban Forestry & Urban Greening, 1 (3): 135-149.

UNDP. 1997. Governance for Sustainable Human Development. New York: UNDP.

Wheeler & Maria S. 1998. Including the Stakeholders: the Business Case. Long Range Planning. 31, (2): 201-210.

Yasmi Y. 2007. Institutionalization of Conflict Capability in the Management of Natural Resources: Theoretical Perspectives and Empirical Experience in Indonesia. Wageningen: Wageningen University, Wageningen, the Netherlands.

Younga R F, McPherson E G. 2013. Governing metropolitan green infrastructure in the United States. Landscape and Urban Planning, (109): 67-75.

Zhu P Y, Yaoqi Zhang Y Q. 2008. Demand for urban forests in United States Cities. Landscape and Urban Planning, (84): 293-300.

附　　　录

青岛市城市森林协同治理协同度指标体系研究专家咨询调查表

尊敬的专家：

　　您好！非常感谢您能在百忙之中抽出时间接受本次文件调查。我们正在进行青岛市城市森林协同治理系统协同度调查研究，在研究过程中需要您的积极支持与帮助。前期研究表明，传统的以政府治理为主，市场、非营利组织和社会公众参与不足的城市森林多主体协同治理难以适应当下城市生态文明建设的需要，迫切需要构建以政府为主导，公众为主体，私人部门为骨干，非营利部门为补充的治理系统。只有通过有效的协同，推动城市政府、城市林业企业、民间组织、社会公众有机互动融合，使城市森林的治理要素实现协同，才能达到城市森林的治理目标，实现城市森林的善治。城市森林协同治理系统协同度评价是对系统协同运作过程与成果的科学评价，是实现城市森林协同治理系统，持续改进的重要参考。

　　本问卷采用匿名调查方式，所获得的数据仅供科学研究之用。我们将恪守科学研究道德规范，不以任何形式向任何人泄露信息。请您放心并尽可能客观的回答，选择您认为最贴切的答案。为保证问卷统计的有效性，请您将问卷填写完整。

　　由衷地感谢您拨冗填答，谨致真诚谢意！

一、对指标体系的咨询

　　本调查首先对指标体系进行调查，旨在分析城市森林协同治理系统的协同效应，以及治理主体参与度、治理客体发展度、治理模式适用度、治理机制完善度、治理信息共享度、治理目标导向度、治理环境促进度在其中发挥的作用，借此了解各指标的重要程度。下表中各项对城市森林协同治理协同度指标体系的描述，请您根据自己熟知或者认知程度以及实际情况在对应的数字上画√（可复制此符号,然后在相应的表格粘贴即可),表示该指标被选取的程度。其中,1 分 = 非常不符合、2 分 = 比较不符合、3 分 = 稍微不符合、4 分 = 一般、5 分 = 稍微符合、6 分 = 比较符合、7 分 = 非常符合。

表 1

一级指标	二级指标	指标层			指标重要程度						
		三级指标	标识	单位	1分	2分	3分	4分	5分	6分	7分
城市森林协同治理体系协同度	治理主体参与度(A)	有关公共管理法人单位数	A01	个							
		城市林业系统单位个数	A02	个							
		有关民间组织数量	A03	个							
		林业从业人员人数	A04	人							
		有关民间组织会员人数	A05	人							
		城市年末总人口	A06	万人							
		参与城市森林规划、建设、管理的决策情况	A07	五分制							
		全民义务植树尽责率	A08	百分比							
		城市林业事务财政预算支出占总支出比重	A09	百分比							
		林业固定资产投资	A10	万元							
		有关民间组织筹集资金情况	A11	五分制							
		城市市民捐助情况	A12	五分制							
	治理客体发展度(B)	市域森林覆盖率	B01	百分比							
		建成区绿化覆盖率	B02	百分比							
		城市人均休闲绿地	B03	m²							
		城市公园数量	B04	个							
		城市森林生态廊道贯通性	B05	五分制							
		水岸绿化	B06	五分制							
		道路绿化率	B07	百分比							
		新建完善农田林网亩数	B08	万亩							
		郊区绿化	B09	五分制							
		郊区生态产业产值	B10	万元							
		乡土树种使用	B11	五分制							
		城市森林自然度	B12	五分制							
		涉林违法案件	B13	件							

续表

指标层					指标重要程度						
一级指标	二级指标	三级指标	标识	单位	1分	2分	3分	4分	5分	6分	7分
城市森林协同治理体系协同度	治理模式适用度（C）	重视模式塑造	C01	五分制							
		模式构建	C02	五分制							
		模式选择	C03	五分制							
		模式创新	C04	五分制							
		模式转换	C05	五分制							
	治理机制完善度（D）	重视机制构建	D01	五分制							
		运行机制建设	D02	五分制							
		保障机制建设	D03	五分制							
		机制创新	D04	五分制							
		机制完善	D05	五分制							
		机制作用	D06	五分制							
	治理信息共享度（E）	林业与环境信息化管理平台建设	E01	五分制							
		区域互联网累计用户数	E02	万户							
		全市有线电视用户数	E03	万户							
		百户家庭移动电话拥有量	E04	部							
		信息共享广度	E05	五分制							
		信息共享深度	E06	五分制							
	治理目标导向度（F）	市区空气质量优良率	F01	百分比							
		市区区域环境噪声平均等效声级	F02	分贝							
		市区道路交通噪声平均等效声级	F03	分贝							
		夏季平均气温	F04	℃							
		主要河流水质功能区达标率	F05	百分比							
		公众对城市环境的满意情况	F06	五分制							
		对市民绿色消费的影响	F07	五分制							
		对城市林业企业生产方式的作用	F08	五分制							
		对城市生态文化的影响	F09	五分制							
		对城市竞争力的作用	F10	五分制							
		城市生产总值	F11	五分制							
		林业产业总产值	F12	五分制							
		森林生态服务总价值	F13	五分制							
		森林旅游人数系数	F14	五分制							

续表

指标层					指标重要程度						
一级指标	二级指标	三级指标	标识	单位	1分	2分	3分	4分	5分	6分	7分
城市森林协同治理体系协同度	治理环境促进度（G）	生态文明建设战略牵引情况	G01	五分制							
		城市发展生态需求情况	G02	五分制							
		市民生态诉求情况	G03	五分制							
		城市森林政府治理失灵情况	G04	五分制							

表2

其他	请您根据自己的理解填写认为更加重要的指标，并指明归属哪一类指标、几级指标和重要程度							
一级指标	二级指标	三级指标	1	2	3	4	5	6	7

二、对定性指标实际情况的调查

恳请您结合对青岛市城市森林协同治理系统地了解与认识，对相关定性数据（单位为"五分制"的），按照"1分＝很差、2分＝差、3分＝一般、4分＝好、5分＝很好"给予打分。

表3

指标层					年度实际情况				
一级指标	二级指标	三级指标	标识	单位	2009年	2010年	2011年	2012年	2013年
城市森林协同治理系统协同度	治理主体参与度（A）	有关公共管理法人单位数	A01	个					
		城市林业系统单位个数	A02	个					
		有关民间组织数量	A03	个					
		林业从业人员人数	A04	人					
		有关民间组织会员人数	A05	人					

续表

一级指标	二级指标	三级指标	标识	单位	2009年	2010年	2011年	2012年	2013年
城市森林协同治理系统协同度	治理主体参与度（A）	参与城市森林规划、建设、管理的决策情况	A06	五分制					
		全民义务植树尽责率	A07	百分比					
		城市林业事务财政预算支出占总支出比重	A08	百分比					
		林业固定资产投资	A09	万元					
		有关民间组织筹集资金情况	A10	五分制					
		城市市民捐助情况	A11	五分制					
	治理客体发展度（B）	市域森林覆盖率	B01	百分比					
		建成区绿化覆盖率	B02	百分比					
		城市人均休闲绿地	B03	m²					
		城市公园数量	B04	个					
		城市森林生态廊道贯通性	B05	五分制					
		水岸绿化	B06	五分制					
		道路绿化率	B07	百分比					
		新建完善农田林网亩数	B08	万亩					
		郊区绿化	B09	五分制					
		乡土树种使用	B10	五分制					
		城市森林自然度	B11	五分制					
		涉林违法案件	B12	件					
	治理模式适用度（C）	重视模式塑造	C01	五分制					
		模式构建	C02	五分制					
		模式选择	C03	五分制					
		模式创新	C04	五分制					
		模式转换	C05	五分制					
	治理机制完善度（D）	重视机制构建	D01	五分制					
		运行机制建设	D02	五分制					
		保障机制建设	D03	五分制					
		机制创新	D04	五分制					
		机制完善	D05	五分制					
		机制作用	D06	五分制					

续表

指标层					年度实际情况				
一级指标	二级指标	三级指标	标识	单位	2009年	2010年	2011年	2012年	2013年
城市森林协同治理系统协同度	治理信息共享度（E）	林业与环境信息化管理平台建设	E01	五分制					
		区域互联网累计用户数	E02	万户					
		全市有线电视用户数	E03	万户					
		百户家庭移动电话拥有量	E04	部					
		信息共享广度	E05	五分制					
		信息共享深度	E06	五分制					
	治理目标导向度（F）	市区空气质量优良率	F01	百分比					
		市区区域环境噪声平均等效声级	F02	分贝					
		夏季平均气温	F03	℃					
		主要河流水质功能区达标率	F04	百分比					
		公众对城市环境的满意情况	F05	五分制					
		对市民绿色消费的影响	F06	五分制					
		对城市林业企业生产方式的作用	F07	五分制					
		对城市生态文化的影响	F08	五分制					
		对城市竞争力的作用	F09	五分制					
		城市生产总值	F10	五分制					
		林业产业总产值	F11	五分制					
		森林生态服务总价值	F12	五分制					
		森林旅游人数系数	F13	五分制					
	治理环境促进度（G）	生态文明建设战略牵引情况	G01	五分制					
		城市发展生态需求情况	G02	五分制					
		市民生态诉求情况	G03	五分制					
		城市森林政府治理失灵情况	G04	五分制					

表 4

其他	对以上您根据自己的理解填写认为更加重要的指标，若为定性指标，请同时给予实际情况评价						
一级指标	二级指标	三级指标	2009年	2010年	2011年	2012年	2013年